$Tb \frac{69}{26}$

THEORIE POSITIVE

DE LA

FÉCONDATION

DES

MAMMIFÈRES.

PARIS. — IMPRIMERIE DE FAIN ET THUNOT,
IMPRIMEURS DE L'UNIVERSITÉ ROYALE DE FRANCE,
Rue Racine, n° 28, près de l'Odéon.

THÉORIE POSITIVE

DE LA

FÉCONDATION

DES

MAMMIFÈRES,

Basée sur l'observation de toute la série animale;

PAR

F.-A. POUCHET,

DOCTEUR MÉDECIN,

PROFESSEUR DE ZOOLOGIE AU MUSÉUM D'HISTOIRE NATURELLE DE ROUEN.
MEMBRE DE L'ACADÉMIE DES SCIENCES, LETTRES ET ARTS DE CETTE VILLE,
ET DE PLUSIEURS ACADÉMIES FRANÇAISES ET ÉTRANGÈRES, ETC.

La nature obéit à des lois et à des règles
dans l'immense variété de ses productions.
(TIEDEMANN. *Physiolog.* Tome 1, p. 44.)

PARIS.

LIBRAIRIE ENCYCLOPÉDIQUE DE RORET,

RUE HAUTEFEUILLE, N° 10 BIS.

—

1842.

PRÉFACE.

Je n'ai nullement la prétention de tracer, dans cet ouvrage, l'histoire complète de la généra- tion; car, pour atteindre ce but et exposer toutes les connaissances que la science possède sur ce sujet, cinq à six volumes compactes suffiraient à peine au naturaliste qui voudrait en embras- ser l'étude dans tout le règne animal. Mon in- tention s'est bornée à esquisser rigoureusement les lois qui président à la phase la plus fonda- mentale de cet acte, la fécondation. C'est là le point qui en est le plus controversé, et c'est cependant celui dont la connaissance promet- trait les plus remarquables et les plus utiles résultats.

Durant mes études sur la physiologie, je fus frappé de la divergence qui règne dans les opi- nions des auteurs, relativement aux fonctions génitales, et souvent même des inexplicables contradictions que ceux-ci présentent. Il n'en fallut pas davantage pour me donner l'idée de rechercher l'origine de leurs dissidences et de tâcher, au milieu de tant d'oscillations diverses, d'arriver à la découverte de la vérité.

Alors j'entrepris des études continues et laborieuses, et en m'appuyant sur la connaissance des écrits de presque tous les physiologistes, ainsi que sur de nombreuses observations, je me trouvai bientôt sur la route du vrai. Puis, quand j'eus bien médité ce sujet durant plusieurs années, je reconnus que dans tout le règne animal des lois simples et générales régissaient la génération ; alors, animé d'une profonde conviction, je pus tracer avec certitude celles d'après lesquelles s'opère l'acte le plus mystérieux de cette importante fonction, la fécondation.

C'est donc seulement cette dernière phase que j'ai l'intention d'éclaircir et dont je prétends ici dévoiler la marche. A cet effet je me suis successivement servi soit des observations positives des auteurs ou de leurs arguments contradictoires, soit de mes propres observations ou de mes expériences sur les animaux ; et j'espère démontrer, en exposant les faits ou par mes remarques critiques, que je suis arrivé à pouvoir poser une théorie rationnelle du sujet dont la solution doit se trouver dans cet écrit.

Les résultats auxquels je suis parvenu étaient si faciles à découvrir, que si une chose m'étonne, c'est qu'on n'y soit pas arrivé depuis tant de siècles que l'esprit humain s'exerce sur cette matière. Il semble réellement qu'un long délire ait subjugué les savants qui se sont occupés de la génération. Lorsqu'on lit leurs ouvrages avec recueillement, on voit, comme je l'ai déjà dit, qu'ils sont pleins de contradictions évidentes que la moindre attention leur eût évitées et que le culte de leurs théories, enfantées loin de l'observation de la nature et dans le silence du cabinet, leur fait fouler aux pieds toutes les richesses de l'observation et de l'expérience, toutes les ressources de la dialectique. Puis, méconnaissant cette harmonieuse fécondité de la création, qui, comme l'a dit heureusement Leibnitz, offre l'emblème de l'unité dans la variété, leur aveuglement a été tel qu'ils ont érigé des lois toutes spéciales pour l'espèce humaine, comme si celle-ci avait une modalité différente de celle des animaux qui l'avoisinent! A-t-on jamais osé professer que les principales fonctions vitales possédaient des lois spéciales chez les mammifères qui, par leur organisation, touchent à l'homme? Pourquoi donc voudrait-on que la génération de notre espèce s'éloignât de la leur? Pourquoi donc chercher une anomalie là où les analogies percent de toutes parts? Pourquoi se créer une nouvelle difficulté quand tout était facile à expliquer? C'est inconcevable!

Obligé de combattre des croyances appuyées sur l'autorité des siècles et acceptées par les modernes, je n'ai pas été maître de donner à ce traité la forme didactique, car d'un bout à l'autre il m'a fallu saper des théories encore vivantes et encore professées aujourd'hui, puis en signaler la faiblesse ou les erreurs. Si de place en place j'ai posé dogmatiquement les vrais principes de la fécondation, les intervalles ne sont remplis que de discussions critiques qu'il est indispensable de lire pour baser son opinion et discerner de quel côté est le vrai.

THÉORIE POSITIVE

DE LA

FÉCONDATION.

INTRODUCTION.

Étudier les conditions sur lesquelles repose la fécondation, et tracer rigoureusement les lois qui, chez les Mammifères, président à cet acte important, tel a été le but de nos travaux, et tel est ce que nous nous proposons de faire dans cet ouvrage, en nous appuyant à la fois sur l'observation, sur l'expérience et sur la logique, et en faisant concorder ces trois moyens, soit pour démontrer les erreurs des physiologistes qui nous ont précédé, soit pour mettre nos principes en évidence.

Comme l'a dit Cuvier, la génération est le plus grand mystère que nous offre l'économie des corps vivants, et l'on peut dire que sa nature intime est encore couverte des ténèbres les plus absolues (1). Mais, si l'on est forcé de convenir avec l'illustre naturaliste que l'on ne peut espérer de pénétrer l'essence de cette mystérieuse

---

(1) Leçons d'anatomie comparée. Paris, 1805. Tome v, p. 2.

fonction, ce qui importe peu à la vie sociale, nous pensons qu'il est possible de fixer les lois d'après lesquelles elle s'effectue, ce qui, au contraire, offre les plus importantes applications. Le célèbre Bonnet, qui, guidé par le flambeau de l'expérience et de la philosophie, jeta de si vives lumières sur les plus occultes opérations du monde organisé, avait aussi embrassé le sujet qui nous occupe ; mais, quoique son génie en eût entrevu toutes les difficultés, il n'avait jamais cessé d'espérer qu'elles ne pussent être vaincues par de persévérantes études : aussi le savant Genevois disait-il qu'un jour on arracherait à la nature le secret qu'elle couvre de ses plus impénétrables voiles (1).

Nous croyons avoir en partie réalisé cette prédiction en parvenant à fixer précisément l'époque de la fécondation, et en posant les conditions dans lesquelles elle s'opère et celles sans lesquelles elle ne peut avoir lieu

Le mystère dont le Créateur a voilé la génération, les expériences multipliées et les nombreux écrits auxquels cette fonction a donné lieu, ont hérissé de difficultés son étude. Deux causes sont principalement venues l'entraver et l'obscurcir : ce sont les expériences inexactes et le champ incomplet sur lequel errait l'observation. A l'égard des premières, les théories ne reposèrent jusqu'à ce jour que sur quelques faits entachés d'erreur, que certains physiologistes admirent avec trop de crédulité et que d'autres assurèrent audacieusement avoir observés. Mais ce qui a surtout rendu si longtemps la question nébuleuse, c'est que les naturalistes, pour l'éclaircir, n'ont pas envisagé le sujet sous

---

(1) Considérations sur les corps organisés. Amsterdam, 1762. Tome 1, p. 124.

un aspect assez général. Pour obtenir sur ce point, comme sur tant d'autres, plus que des conjectures et des soupçons, il faudrait, ainsi que l'a dit Bonnet, que nous pussions embrasser d'une seule vue la totalité des êtres (1). Aussi, c'est en suivant ce principe que nous sommes parvenu à des résultats plus positifs que ceux auxquels arrivèrent les naturalistes qui nous ont devancé dans la même carrière.

Les physiologistes qui ont précédé notre époque voyaient dans l'acte génital presque autant de procédés particuliers qu'il y a de classes d'animaux ; mais à mesure que l'on progresse dans le champ de l'observation, et que l'on contracte plus de hardiesse, on est forcé de reconnaître l'identité des phénomènes fondamentaux de cet acte dans toute la série zoologique. Ce principe étant admis, on s'aperçoit bientôt que l'étude des êtres chez lesquels la fonction décèle ses mystérieux moyens, doit jeter les plus vives lumières sur ceux chez lesquels ils se trouvent voilés. C'est en procédant ainsi que la science parviendra à s'enrichir immensément.

J'abandonne cet ouvrage à la publicité parce que j'ai la conviction qu'il jette un jour nouveau sur le plus important des phénomènes physiologiques, et qu'en outre, je pense qu'il renferme des préceptes qui ne sont pas seulement destinés à servir d'aliment à la curiosité scientifique.

J'ai accompli avec probité une œuvre utile, et je me présente avec franchise au tribunal de l'avenir. Pour

(1) Considérations sur les corps organisés. Amsterdam, 1762. Tome II, p. 89.

le moment, je ne suppose pas que mon travail réunisse aucun élément de succès ; je professe des doctrines qui s'éloignent trop du sentier de la routine pour ne pas éprouver le sort de tous les novateurs. Il est dans ma destinée de subir toutes les phases de la critique ; d'abord on niera l'évidence en tranchant audacieusement la question, et en anéantissant légèrement, par une simple négation, plusieurs années de recherches et de travaux ; puis ensuite, quand des hommes probes et consciencieux, par leur autorité, reconnaîtront dans mon écrit quelques vérités fondamentales, la critique, pour ne pas rester désarmée, cherchera dans les auteurs anciens et modernes des passages obscurs, des phrases indécises, dans lesquels l'imagination prétendra reconnaître ma théorie.

Pour éviter toute peine aux compilateurs, je me hâte d'avouer que le principe fondamental que je m'efforce de poser, a été entrevu par beaucoup de naturalistes et de physiologistes, et que, depuis Aristote jusqu'aux savants qui ont le plus récemment écrit sur cette matière, on pourrait trouver dans plusieurs centaines d'auteurs quelques vagues assertions, échappées comme furtivement à leur plume, et qui contribuent à étayer ma théorie ; car il en est des principes physiologiques comme de toutes les grandes vérités, le novateur est toujours guidé par l'appréciation de certains faits antérieurement exprimés pendant le mouvement intellectuel que chaque siècle enfante ; mais le vrai créateur des choses c'est celui qui en dévoile le mécanisme et les lois ; et d'ailleurs en compulsant scrupuleusement les assertions de ces écrivains, on s'aperçoit bientôt qu'elles ne sont le résultat d'aucune conviction ; qu'elles n'expriment aucune idée

méditée ; et que même elles protestent manifestement
contre leurs doctrines. Aussi croyons-nous qu'il nous
appartient entièrement d'avoir avec netteté posé la
théorie réelle de la fonction, et d'avoir indiqué quelles
sont les conditions positives de la fécondation.

Cependant nous désespérons d'être assez heureux
pour convaincre tous nos lecteurs. Un sentiment d'orgueil déplacé a souvent égaré les savants qui s'occu-
paient de recherches de physiologie humaine ; aussi
en venant avancer que notre espèce n'a pas un mode
de développement différent de celui des animaux qui
siégent à la tête de la série zoologique, nous pensons
que bien des personnes, dominées par des idées philosophiques rétrogrades, s'obstineront à nier l'évidence, et s'efforceront de saper une des plus importantes lois de la création ; mais la vérité triomphera un
jour avec éclat, et il rejaillira sur nous quelque gloire
pour avoir contribué à la mettre en évidence ; c'est là
le seul prix que nous ambitionnions pour la récompense de nos travaux.

Nous ne poserons point de théorie de la génération.
Les plus beaux génies dont s'honore l'humanité, tels
qu'Aristote, Hippocrate, Buffon, et tant d'autres, ont
échoué en voulant dévoiler ce qui se passe dans cet
acte mystérieux, et ce serait méconnaître les ressources de l'intelligence humaine que de tenter de l'é-
clairer, car il y a là quelque chose de profondément
inexplicable, que la sagesse providentielle a voilé à
notre faiblesse ; la vie comme la mort pourront bien
être définies par les philosophes, mais jamais se comprendre. Pour nous, nous nous bornerons à l'histoire
des faits certains, et nous les formulerons avec la hardiesse que donne une conviction profonde, basée sur

de graves et laborieuses méditations, fortifiées de tout l'ascendant de l'expérience et de l'observation ; puis nous nous arrêterons au terme de l'évidence en nous gardant bien de nous lancer dans le vaste champ des hypothèses.

Le cercle que nous allons embrasser, quoique plus restreint, n'en offre pas moins à l'esprit une immense fécondité de matières et les plus importantes applications, car, comme l'a dit M. Bory de Saint-Vincent (1), « Si l'histoire de la génération de l'homme était méditée par les personnes qui sont appelées à préparer ou à faire des lois, les codes y gagneraient plus que ne le pense une certaine classe de docteurs qui semblent ne pas se douter jusqu'à quel point les règles de tout droit réel sont inscrites dans le grand livre de la nature. »

Je sais qu'après avoir suivi avec attention toutes les déductions de cet écrit, on s'apercevra aussitôt qu'étant arrivé à la connaissance des lois intimes de la fécondation chez les Mammifères, il doit aussi nous être possible de fixer, avec une égale précision, les conditions qui régissent celle-ci sur l'espèce humaine, et de déterminer rigoureusement les moments où elle peut seulement s'opérer et ceux pendant lesquels il est physiquement impossible qu'elle ait lieu.

Oui, nous sommes arrivé à ce résultat ; aussi quelques économistes ou quelques philosophes pourraient nous demander quelle sera l'influence de cette découverte sur l'ordre social. A ce sujet nous répondrons que, quoiqu'ayant posé en physiologiste les lois fon-

_____

(1) Rapport à l'Institut, 27 août 1837.

damentales de la fonction, nous ne prétendons nullement nous préoccuper de cette question, qui est en dehors de la science que nous cultivons et au progrès de laquelle cet écrit est consacré.

Cependant lorsque notre imagination nous représente le génie de Dieu planant dans l'espace, et en même temps imprimant à la marche des globes la sublime harmonie qui la régit et distribuant à l'insecte éphémère le souffle de vie qui doit momentanément l'animer, alors tout nous dit qu'il ne peut rien éclore qui n'ait subi les regards du Très-Haut. Et si parfois quelques scandales nous semblent attrister le spectacle vivant et animé de la surface de la terre, ils ont sans doute une utilité que ne nous décèle point la faiblesse de notre intelligence ! Quand nous nous retraçons le tableau varié des découvertes qui ont animé chaque siècle, nous reconnaissons que toutes ont réagi utilement sur les sociétés humaines ; il en sera de même à l'égard des nouvelles investigations physiologiques, car nous sommes religieusement persuadé que le Créateur ne révèle jamais aux hommes que les secrets qui doivent tourner à sa gloire, et que son immuable sagesse sait bien poser d'infranchissables barrières à l'infime puissance de notre esprit, et nous voiler éternellement les impénétrables mystères dont elle seule s'est réservé la connaissance !.....

ÉTUDE PHYSIOLOGIQUE

DE LA FÉCONDATION.

EXPOSITION DES PRINCIPALES LOIS.

La génération, dont nous entreprenons d'éclairer l'histoire, s'opère à l'aide d'organes qui, dans presque tout le règne animal, sont fort multiples ; et celle-ci est ordinairement elle-même très-complexe ; aussi, nous devons dire que, dans cet ouvrage, nous n'avons voulu que tracer quelques lois fondamentales qui nous paraissent jeter un grand jour sur l'acte le plus important de cette fonction, ou la fécondation. Pour tout ce qui est connu et démontré, nous n'en parlons même pas.

La marche que nous allons suivre sera simple ; ne voulant poser que les principes essentiels, capitaux, nous les énoncerons dans de courtes formules en leur donnant le titre de lois, parce que, pour nous, ces principes sont autant de démonstrations incontestables. Ensuite, pour statuer sur l'autorité de ces diverses lois, nous les développerons et nous nous efforcerons de prouver que chacune d'elles doit être admise et repose sur des principes incontestables. A cet effet nous nous appuierons sur les trois plus puissants

mobiles de l'intellect, l'observation, l'expérience et
le raisonnement.

L'observation et l'expérience viendront nous révéler
les lois qui régissent la génération dans toute la série
animale, et le raisonnement sera non moins essentiel pour parvenir à leur démonstration ; en effet, tantôt par des arguments critiques, nous saperons quelques expériences surannées, vraies fictions qui ont
égaré les physiologistes imitateurs ou timides ; tantôt
par un examen sévère et consciencieux, nous démontrerons les oscillations qui règnent dans les œuvres de
certains auteurs, et combien leur autorité doit être
contestée.

Pour mieux faire ressortir ce qu'il y a d'utile pour
nous à démontrer, afin de tracer une route toute nouvelle à l'investigation des faits et à la révélation des
phénomènes subséquents, nous diviserons les lois en
deux sections : *les lois fondamentales* et *les lois accessoires*.

Les lois fondamentales sont celles qui méritent toute
notre attention et qu'il faut rendre incontestables ; ce
sont elles qui forment la base de la théorie, et que
nous transmettons avec une confiance que nous avons
trouvée dans de longues méditations, dans de laborieuses recherches.

Les lois accessoires ne sont pas moins prouvées pour
nous, et ne sont pas moins exactes, mais nous lais-
sons les physiologistes les contester entièrement, s'ils
le veulent, car il n'est nullement utile de les admettre
pour faire triompher l'évidence des principes que
nous entendons poser dans cette œuvre.

Les lois fondamentales sont au nombre de dix, et
nous admettons trois lois accessoires.

LOIS PHYSIOLOGIQUES FONDAMENTALES.

Ire Loi. Il n'y a point d'exception pour l'espèce humaine ; les phénomènes de sa génération suivent des lois analogues à celles qui s'observent chez les divers animaux, et ils sont même parfaitement identiques avec les actes qui se manifestent sur ceux qui sont placés à la tête de la série zoologique.

IIe Loi. La génération se produit chez tous les animaux à l'aide d'œufs. Quelques êtres inférieurs font seuls exception.

IIIe Loi. Dans toute la série animale les ovules préexistent à la fécondation.

IVe Loi. Des obstacles physiques s'opposent à ce que, chez les Mammifères, le fluide séminal puisse être mis en contact avec les ovules encore contenus dans les vésicules de Graaf.

Ve Loi. Dans toute la série animale, incontestablement, l'ovaire émet ses ovules indépendamment de la fécondation.

VIe Loi. Dans tous les animaux les ovules sont émis à des époques déterminées et en rapport avec la surexcitation périodique des organes génitaux.

VIIe Loi. Dans les Mammifères la fécondation n'a jamais lieu que lorsque l'émission des ovules coïncide avec la présence du fluide séminal.

VIIIe Loi. L'émission du flux cataménial de la femme correspond aux phénomènes d'excitation qui se manifestent à l'époque des amours chez les divers êtres de la série zoologique, et spécialement sur les femelles des Mammifères.

IXe Loi. La fécondation offre un rapport constant avec l'émission des menstrues ; aussi, sur l'espèce humaine, il est facile de préciser rigoureusement l'époque intermenstruelle où la conception est physiquement impossible, et celle où elle peut offrir quelque probabilité.

Xe Loi. Assurément il n'existe point de grossesses ovariques proprement dites.

LOIS PHYSIOLOGIQUES ACCESSOIRES.

I°. La fécondation chez les Mammifères s'opère normalement dans l'utérus.

II°. Les grossesses abdominales et tubaires n'indiquent pas que la fécondation s'opère normalement *dans* l'ovaire, et que ce soit celle-ci qui détermine l'émission des ovules.

III°. Normalement les trompes de Fallope ne se contractent que de l'intérieur vers l'extérieur, pour transporter les ovules.

I^{RE} LOI FONDAMENTALE.

Il n'y a point d'exception pour l'espèce humaine; les phénomènes de sa génération suivent des lois analogues à celles qui s'observent chez les divers animaux, et ils sont même parfaitement identiques avec les actes qui se manifestent sur ceux qui sont placés à la tête de la série zoologique.

La confirmation de cette loi se trouve dans l'observation attentive de la nature, et pour les naturalistes laborieux qui ont envisagé les phénomènes de la génération dans toute la série zoologique, elle n'est pas douteuse. Ce qui a empêché beaucoup de physiologistes de tracer d'une manière assurée l'histoire de la fonction qui nous occupe, c'est qu'ils ne se sont pas assez appuyés sur l'étude des animaux, qui pouvait seule leur offrir les plus sûres et les plus importantes révélations, en leur démontrant les analogies irrécusables qui existent entre leur génération et celle de notre espèce.

L'importance qu'offre cette étude avait été appréciée par l'immortel Haller (1); et Tiedemann (2) a fait également ressortir l'utilité de la zoologie, dans un chapitre spécial de son œuvre, où il professe que, sans cette science, la physiologie humaine ne peut être

---

(1) *Anatome brutorum plus boni fecit in physiologia, quam anatome corporis humani.*

(2) Traité complet de physiologie de l'homme. Paris, 1831. Tome 1, p. 40.

traitée d'une manière élevée. Nous allons voir, dans cet essai, que nos arguments vont souvent trouver une immense force dans l'appréciation de ce qui s'observe sur les animaux, car ainsi que Newton (1) le dit aussi, lui qui a tant pénétré de choses, et dont le génie semble avoir entrevu toutes les immenses lois de la nature : *in corporibus animalium, in omnibus fere, omnia similiter posita.*

Dans tous les animaux, le phénomène fondamental de la génération, sauf de rares exceptions qui ne s'observent qu'aux échelons inférieurs de la série zoologique, consiste dans la production d'un certain nombre d'ovules ou d'œufs, à l'intérieur d'un organe particulier que l'on nomme ovaire. Puis ensuite ces œufs sont fécondés par un fluide spécial, sécrété par un appareil qui constitue le sexe mâle. Cet appareil se trouve sur des individus différents chez les animaux élevés, tels que les vertébrés ; mais parfois aussi il réside sur l'individu porteur du sexe femelle, de manière qu'il y a alors hermaphrodisme complet, comme cela se voit sur beaucoup de Mollusques.

Sauf quelques animaux dont on ne connaît pas bien le mode de génération, dans toute la série zoologique les ovules produits dans les ovaires se trouvent normalement expulsés par ces organes à des époques déterminées ; mais ces œufs ne se développent et ne produisent de descendants à l'espèce, que lorsqu'ils sont préalablement mis en contact avec la liqueur prolifique des organes mâles. Sans cela, au bout d'un certain temps, ils s'altèrent et se décomposent.

Le contact du fluide vivifiant se fait constamment

_____

(1) Optique. Traduction latine de Clarke, 1706.

dans un lieu spécial, mais celui-ci varie beaucoup ; cependant, on peut poser en principe qu'il faut toujours pour que l'action de ce fluide soit efficace, que les ovules produits par les organes femelles, aient acquis un certain degré d'organisation, puis qu'ils soient expulsés du lieu de l'ovaire où ils ont été engendrés et devenus totalement libres. C'est ordinairement pendant son trajet dans le canal sexuel que l'œuf est fécondé ; mais fort souvent aussi l'imprégnation du fluide séminal se fait totalement à l'extérieur de la femelle, ainsi que cela s'observe chez beaucoup de Poissons et d'Amphibiens. Dans l'ovaire même, comme nous le dirons plus loin, les corps reproducteurs n'ont pas encore acquis le développement nécessaire pour recevoir l'impression vitale, et d'ailleurs souvent le fluide vivifiant ne pourrait parvenir jusqu'à eux.

Aucun doute ne pouvait s'élever sur l'identité de la génération dans l'immense légion des animaux franchement ovipares ; tandis qu'au contraire pour certains vertébrés vivipares, comme les œufs émis par les ovaires sont extrêmement petits et qu'ils avaient jusqu'à ces derniers temps échappé aux recherches des savants, on était indécis relativement aux procédés à l'aide desquels s'opère la reproduction, et l'on croyait que celle-ci suivait chez eux un mode spécial. Mais les travaux des modernes ont prouvé que ces animaux, et tels sont surtout les Mammifères, ne se dérobaient point à la loi générale, et qu'ils produisaient également des œufs, puis que l'exiguïté de ceux-ci les avait seule soustraits aux recherches des observateurs. Ainsi donc s'est trouvé démontrée la corrélation qui existe entre tous les êtres de la série animale ; corrélation à laquelle l'espèce humaine elle-même est manifestement soumise, ainsi que nous le prouverons plus loin.

Cependant l'histoire de l'ovologie humaine est encore peu avancée, ce qui tient à ce que presque tous les physiologistes, entraînés par un sentiment d'orgueil, ont été dominés jusqu'à nos jours par l'idée que notre espèce devait présenter une exception, et qu'elle ne pouvait être assimilée aux autres animaux ; c'est une erreur capitale qu'il est temps de combattre pour voir se révéler clairement les phénomènes de notre génération, et afin de pouvoir en poser sévèrement les lois, et en pénétrer les plus mystérieuses phases.

C'est parce que l'on a étudié l'œuf de la femme hors de l'ovaire, et après qu'il avait subi un certain développement dans l'utérus, qu'on l'a considéré comme offrant d'importantes différences avec celui des Mammifères et des Oiseaux. Mais si on l'observe dans son organe producteur, on s'aperçoit qu'il est tout à fait semblable à l'œuf de ces animaux par sa structure fondamentale, et qu'il n'en diffère que par le volume. M. Coste (1) ayant été servi par des circonstances favorables, a eu l'occasion de le reconnaître. Depuis lui, en Angleterre, le docteur John a pu le vérifier, et nous-même nous l'avons apprécié tout récemment d'une manière positive.

Ce fait étant admis, c'est déjà une immense présomption pour nous conduire à poser en principe que la fécondation et le développement de cet œuf se font chez la femme selon les mêmes lois qui s'observent dans les animaux mammifères, et nous verrons bientôt que l'observation et l'expérience nous le démontreront successivement et incontestablement.

---

(1) Embryogénie comparée. Paris, 1837. Tome 1, p. 200.

Le raisonnement viendra aussi imposer sa sanction à cette manière de considérer la génération, car pourquoi se produirait-elle dans l'espèce humaine avec une modalité différente de celle qu'elle affecte chez les animaux supérieurs ? Toutes les autres fonctions n'y suivent-elles pas les mêmes lois ? est-il un physiologiste qui oserait professer aujourd'hui que la circulation, la respiration et la digestion ne présentent pas, dans leurs détails fondamentaux, une identité parfaite chez l'homme et chez les Mammifères ; et pourquoi donc voudrait-on, quand les phénomènes des principales fonctions se produisent d'après un même type, que l'acte le plus important de la vie animale, celui qui s'offre dans la série sous l'aspect le plus uniforme, présentât sur l'espèce humaine et sur les Mammifères, qui s'en rapprochent tant au physique, des différences inexplicables et tout à fait anomales ? Cela n'est pas possible : une même loi régit tous les êtres, et notre espèce elle-même n'échappe pas à celle qui domine la classe des animaux à laquelle il est impossible logiquement de la soustraire.

Une fois produits et expulsés par les ovaires, les ovules se développent, soit à l'intérieur, soit à l'extérieur des animaux, après avoir subi l'imprégnation ; mais les conditions qu'ils doivent présenter pour ce dernier acte ne se manifestent que postérieurement et quand ils traversent les voies génitales. Cependant la différence qui existe entre les espèces ovipares et les vivipares n'est pas aussi importante qu'on pourrait se le figurer, puisque l'on passe rigoureusement des unes aux autres sans transition prononcée. L'importante assertion que nous émettons ici possède même sa preuve évidente, incontestable, dans la classe d'animaux que l'on désigne communément comme la plus essentiellement vivipare, celle des **Mammifères**. En effet, si les groupes qui occupent parmi ceux-ci le rang le plus élevé produisent des petits vivants, déjà les ordres inférieurs n'offrent plus ce caractère, et leurs espèces émettent des embryons presque informes qui ne sont réellement ni des œufs ni des petits vivants : tels sont les Marsupiaux, que, pour cette raison, Ch. Bonaparte (1) a nommés *ovovivipares*. Les Monotrèmes, qui terminent les Mammifères, font encore un pas de plus vers l'oviparité, et probablement produisent de véritables œufs qui éclosent dans les voies génitales : c'est même pour indiquer cette tendance que M. de Blainville les appelle *subovipares*.

Du reste, la différence qui existe entre le lieu où se développe l'œuf après son expulsion de l'ovaire et celui où il éclot n'est pas toujours fort importante, car on connaît beaucoup d'animaux qui, selon les circonstances atmosphériques, émettent parfois leurs œufs au dehors, endroit où s'opère alors l'incubation, tandis que d'autres fois ceux-ci éclosent en traversant les organes génitaux, de manière qu'on voit se produire des petits vivants : tels sont certains Reptiles.

Ainsi donc se prouve d'une manière manifeste, irrécusable, l'identité de la génération dans toute la série zoologique, identité bien établie par l'étude de l'œuf opérée dans son organe producteur, et par celle de l'imprégnation et du développement de cet œuf considérés sur les divers animaux.

_____

(1) Tableau sur la classification des Mammifères.

IIE LOI FONDAMENTALE.

La génération, chez tous les animaux, se produit à l'aide d'œufs; quelques êtres inférieurs font seuls exception.

Démontrer que tous les animaux, et même les Mammifères et l'espèce humaine, se reproduisent à l'aide d'œufs, puis que la partie fondamentale de ceux-ci est identique dans toute la série zoologique, voici ce que nous devons nous proposer dans ce paragraphe et ce que nous allons poser en principe, soit en nous étayant de l'observation directe, soit en invoquant l'autorité des plus savants anatomistes modernes.

Il est actuellement démontré que dans tous les animaux la génération se fait à l'aide d'œufs, et c'est avec une profonde raison que Harvey (1) a émis cet aphorisme célèbre : *Omne vivum ex ovo*, qui fut soutenu dans la suite par De Graaf (2). En effet, si l'on suit la série animale, en passant successivement des êtres dont l'organisation est le plus simplifiée, à ceux qui ont une structure de plus en plus complexe, dans tous on reconnaît que ce sont des œufs qui se trouvent destinés à perpétuer l'espèce. Cela est évident pour les Mollusques, les Insectes, les Poissons, les Amphibiens, les Reptiles et les Oiseaux; puis on l'a récemment prouvé pour les Mammifères eux-mêmes.

1. *Exercitationes de generatione animalium.* Londres, 1651.
2. *De mulierum organis generationi inservientibus.* Leyde, 1672.

Les beaux travaux d'Ehrenberg (1) et de M. Dujardin (2) ont démontré que beaucoup d'animaux microscopiques ne se dérobaient même pas à la loi générale, et que chez eux, comme sur les êtres les plus élevés, on découvrait aussi des ovaires et des œufs. Il paraît cependant que quelques zoophytes, qui occupent les plus bas échelons de la série zoologique, se reproduisent par une sorte de scission des individus; d'autres donnent naissance à des espèces de bourgeons qui, après un certain temps, se détachent de la mère sur laquelle ils se sont développés, puis deviennent libres et semblables à elle. Cependant on est forcé de convenir que ces procédés étranges s'observent bien moins souvent qu'on ne l'a supposé, et que peut-être même ils peuvent se rapporter au type normal. Relativement à la génération Scissipare, il est certain qu'elle est beaucoup moins commune qu'on ne l'a cru. A l'égard de la génération Gemmipare, on la ramène déjà au type normal, en considérant les petits qui adhèrent à la mère comme devant leur naissance à des œufs qui se sont développés à l'intérieur de l'animal et dont l'embryon fait ensuite saillie à la surface de celui-ci, à laquelle il reste accolé pendant un certain temps.

Longtemps on considéra les Mammifères comme ne se reproduisant point à l'aide d'œufs, et c'était cette erreur qui avait fait méconnaître les véritables lois qui président à leur génération. Maintenant il n'est plus possible d'admettre cette exception. Il faut reconnaître

(1) Les animaux infusoires considérés comme des êtres organiques parfaits. Leipsick, 1838. En allemand.
(2) Zoophytes infusoires. Paris, 1840.

que ces animaux se reproduisent aussi au moyen d'œufs ; c'est une loi universelle pour tout le règne animal, et l'espèce humaine elle-même ne s'y dérobe point, ainsi que nous allons le prouver ; c'était aux travaux des modernes qu'appartenait la gloire de démontrer l'exactitude de cette assertion.

On sait que Kirchdorff (1), Haller (2), Kuhlemann (3), Haighton (4), et d'autres observateurs, avaient fait d'inutiles tentatives sur diverses espèces pour découvrir les œufs des Mammifères, et quoiqu'on fût intimement convaincu de leur existence, la petitesse de ceux-ci les leur avait cependant dérobés. Mais durant ces dernières années, M. Plagge (5) découvrit réellement ces œufs, que De Graaf (6) présumait avec raison être renfermés dans les vésicules ovariques, et ils furent ensuite reconnus dans les ovaires de certains Mammifères par MM. Prévost et Dumas (7). Cependant le premier ayant obscurci sa découverte par des additions qui ont pu la faire croire le fruit de l'imagination, et les autres n'ayant donné nulle suite à leurs travaux, la gloire de la démonstration de ce fait revient totalement à Baër (8). Cette découverte fut ensuite constatée

---

(1) *Dubia de generatione viviparorum ex ovo.*

(2) *Elementa physiologiæ.* Tome VIII.

(3) *Observationes quædam circa negotium generationis in ovibus factæ*, p. 19.

(4) Philosophical transactions. 1797.

(5) Journal complémentaire du Dictionnaire des sciences médicales. Tome XV.

(6) *De mulierum organis generationi inservientibus*, page 216.

(7) Annales des sciences naturelles. Tome III.

(8) *De ovi mammalium et hominis genesi.* Page 12.

par M. Coste (1), et surtout par les travaux que M. Valentin, observateur rigoureux, entreprit de concert avec Bernhardt (2), et dans lesquels on voit que l'œuf de la femme fut aussi découvert par eux dans l'ovaire, malgré l'exiguïté de son volume, qui est par rapport à celui du corps de la mère, :: 1 : 20,000.

L'identité des œufs, relativement à la structure intime de leur partie fondamentale, n'est pas moins démontrée que leur existence, dans toute la série animale, ainsi qu'on peut le voir dans les travaux de Purkinge, récemment couronnés par l'Institut (3). En effet, soit que l'on observe les œufs dans les Zoophytes, dans les Mollusques, dans les Entomozoaires, ou dans les Vertébrés, on reconnaît, à l'aide de l'observation microscopique, que tous offrent la même disposition organique dans leur vitellus, qui en est la partie essentielle, et sur laquelle se développe le fœtus.

L'œuf des animaux ayant été mieux étudié durant notre époque, on a pu reconnaître que chez tous il se composait d'une masse jaune, nommée vitelline, contenue dans une membrane, et offrant dans son intérieur une vésicule appelée vésicule proligère ou de Purkinge, du nom du savant qui la découvrit et la fit connaître en 1825. Cette vésicule, que celui-ci avait alors observée dans l'œuf des oiseaux, fut signalée, en 1827, par Baër, comme existant également à l'intérieur de

---

(1) Recherches sur la génération des Mammifères. Page 25 et suiv.

(2) *Symbolæ ad ovi mammalium historiam ante imprægnationem.* Page 17.

(3) Mémoire présenté à l'Institut en 1835.

celui des autres vertébrés ovipares , de même que dans les Mollusques , les Annélides , les Crustacés et les Insectes. Purkinge la reconnut ensuite dans les Entozoaires et les Arachnides ; enfin M. Van Beneden l'a même observée dernièrement dans l'œuf de certains Polypes.

En 1834, MM. Coste (1), Valentin et Bernhardt (2), démontrèrent que cette vésicule proligère existait évidemment chez les Mammifères eux-mêmes ; et il fut ainsi établi que l'œuf pris à l'ovaire offrait dans toute la série animale une organisation incontestablement identique.

Les travaux de Carus (3), de Rathke et de Wagner, ont contribué aussi à établir l'évidence de cette assertion , et nous-même nous avons également agi dans cette direction, en faisant connaître la structure anatomique de la partie fondamentale de l'œuf.

En effet, nous avons démontré que dans toute la série animale le vitellus était formé de vésicules microscopiques plus ou moins nombreuses, et nous avons reconnu celles-ci sur les Mammifères, les Oiseaux (4), les Poissons , les Insectes et les Mollusques (5).

Lorsque tout révèle d'une manière irréfragable que

---

(1) Recherches sur la génération des Mammifères. Page 19.

(2) *Symbolæ ad ovi mammalium historiam ante imprægnationem.* Page 21.

(3) Traité élémentaire d'anatomie comparée. Paris, 1835. Tome 2.

(4) Pouchet. De l'organisation du vitellus des oiseaux. Mémoire présenté à l'Institut, 1839.

(5) Pouchet. Mémoire sur la structure du vitellus des Limnées ; inséré dans les Annales françaises et étrangères d'anatomie et de physiologie. Paris, 1838.

depuis les animaux inférieurs jusqu'aux Mammifères, qui occupent la région la plus élevée de l'échelle animale, l'œuf présente partout la même organisation, la même structure, il est impossible d'admettre *à priori* que cette partie produite, qui paraît formée dans un moule identique, quelle que soit d'ailleurs la diversité physique des animaux, puisse se dérober à la loi générale chez l'homme, qui est le chef-d'œuvre de la création.

Mais encore ici les preuves matérielles viennent heureusement à l'appui du raisonnement, et, comme nous l'avons dit, on reconnaît que dans l'ovaire, ainsi que l'ont vu MM. Coste (1) et John, et ainsi que nous avons eu l'occasion de le vérifier nous-même, l'œuf de la femme n'offre aucune différence avec celui des Oiseaux et des Mammifères (2) ; seulement il est d'un volume considérablement moindre que celui des premiers. L'œuf humain est si petit qu'on l'aperçoit à peine à l'œil nu, son diamètre n'étant que de $\frac{1}{150}$ de pouce. Il a une enveloppe molle, transparente, et contient une substance composée de grains adhérents. A l'intérieur on découvre une vésicule transparente, délicate, d'environ $\frac{1}{900}$ de pouce de diamètre, ayant une petite élévation sur l'un de ses côtés, qui la fixe à sa place. Cette vésicule est l'analogue de celle que Purkinge a décrite dans la cicatricule des œufs non arrivés à leur terme dans les oiseaux, et que Baër a nommée *vésicule germinale*.

---

(1) Embryogénie comparée. Paris, 1837. Tome 1, pages 200 et 363.
(2) Leurs observations ont eu pour objet de constater l'existence de la vésicule de Purkinge, et les miennes la disposition vésicu-laire du vitellus.

Il résulte donc de tout ce que renferme ce paragraphe, que l'existence de l'œuf, dans toute la série zoologique, ainsi que chez l'espèce humaine, est devenue une démonstration évidente, et que dans tous les animaux cet œuf possède une structure primitive identique.

Ces deux faits, conquête des naturalistes modernes, étant incontestablement acquis, c'est déjà une grande présomption pour admettre que l'émission des œufs se produit aussi de la même manière dans toute la série animale, sans en excepter l'espèce humaine, et c'est ce que nous espérons démontrer plus loin.

IIIE LOI FONDAMENTALE.

Dans toute la série animale les ovules préexistent
à la fécondation.

Si, comme cela est incontestablement prouvé, depuis les végétaux et les derniers animaux jusqu'aux
Mammifères, les ovules préexistent à la fécondation
dans les organes du sexe femelle, puis qu'ensuite ils
sont émis au dehors indépendamment de cet acte; si,
dis-je, cela est prouvé, il devient logiquement évident
que les Mammifères et l'espèce humaine elle-même ne
se dérobent point seuls à la loi universelle.

Aucun naturaliste ne peut douter que les ovules
des végétaux préexistent à la fécondation. En effet, si
l'on enlève l'organe mâle ou l'étamine avant son développement complet, comme l'ont vu Camérarius (1),
Spallanzani (2) et beaucoup d'autres savants, les ovules,
qui sont déjà apparents, se développent encore à la suite
de l'opération, mais seulement ils ne parviennent point
à leur maturité ou donnent des graines inhabiles à ger-
mer. Il a aussi été irrévocablement prouvé que parmi
les végétaux dioïques, quand on garantit la plante femelle de tout contact avec les individus qui portent
les organes mâles, la première n'en produit pas moins
des graines, mais seulement celles-ci sont stériles et
dépourvues d'embryon ; Link (3) l'a encore dernière-

(1) *Epistola de sexu plantarum.* Tubingue, 1794.
(2) *Dissertazioni di fisica animale e vegetabile.* Modène, 1780.
(3) *Elementa philosophiæ botanicæ.* Page 413.

ment mis hors de doute. Ainsi donc, sans la fécondation, les plantes possèdent des ovules et peuvent émettre des graines ; seulement celles-ci n'ont point alors les qualités requises pour donner naissance à de nouveaux individus.

A l'aide d'une inspection scrupuleuse et attentive on rend incontestable que, dans toute la série animale, depuis les Zoophytes jusqu'à l'espèce humaine, les œufs préexistent à la fécondation, et que ceux-ci se développent successivement et à des époques déterminées. En effet, lorsque l'on examine les organes femelles de tous les invertébrés, on y découvre évidemment des œufs avant l'accouplement, quand cet acte, comme cela se pratique ordinairement, doit être opéré pour l'accomplissement de la fonction génitale.

A l'égard des Insectes cela est on ne peut plus facile à prouver, et était connu de nos devanciers. Déjà Malpighi (1), dans sa belle description du ver à soie, rapporte qu'on aperçoit très - bien les œufs dans la chrysalide de celui-ci. Sur les larves de certaines Tipules aquatiques j'ai souvent reconnu les ovules, en examinant ces Diptères à l'aide des instruments grossissants. Aussi c'est avec raison que M. Lacordaire (2) dit que sur les divers animaux de cette classe il est surabondamment prouvé que les œufs se développent avant l'accouplement.

Relativement aux vertébrés, les personnes les moins versées dans l'étude de l'histoire naturelle savent que la plupart des Poissons et des Amphibiens émettent même leurs œufs sans qu'ils aient subi la fécondation

---

(1) *Dissertatio epistolica de bombyce.* Londres, 1669.
(2) Introduction à l'entomologie. Paris, 1838. Tome II, page 378.

et que ce n'est qu'au moment où la femelle les ex-
pulse ou longtemps après que le mâle les vivifie en
les arrosant de fluide séminal. On sait aussi que les
Oiseaux, durant la saison des amours, portent un certain nombre d'œufs dans leurs ovaires, avant l'appro-
che du mâle, et qu'il est avéré, ainsi que le disent
M. Duméril (1) et tous les naturalistes, que les œufs
existent dans le ventre des femelles avant qu'elles aient
été fécondées. Il faudrait ne jamais avoir disséqué un
oiseau pour nier cette assertion.

Tous ces faits sont positivement démontrés, et
nulle objection ne s'est jamais élevée pour en contester
la validité; mais les Mammifères, à cause de la petitesse de leurs œufs qui avaient échappé à l'investigation des savants, passaient seuls pour former une
exception à la loi qui régit harmonieusement toute la
création. Cependant, durant leurs études attentives,
les anatomistes qui ont précédé notre époque avaient,
il est vrai, entrevu ces œufs; mais c'est réellement aux
savants contemporains qu'appartient la gloire d'en
avoir démontré positivement l'existence, ainsi que d'a-
voir fait ressortir les analogies qui lient physiologiquement tous les êtres organisés.

Cuvier, devenant en quelque sorte le précurseur
de cette découverte, dit avec raison, en parlant des
ovaires « que si leur structure dans l'espèce humaine
» et dans les Mammifères peut laisser quelques doutes
» sur leur fonction, cette structure est tellement évi-
» dente dans les autres classes qu'il n'est plus possible
» d'y méconnaître cette dernière. Dans toutes les autres

---

(1) Traité élémentaire d'histoire naturelle. Paris, 1807.

» classes, ajoute l'illustre naturaliste, les ovaires ser-
» vent évidemment à l'accroissement des germes ou
» œufs, qui s'y trouvent déjà tout formés avant l'ap-
» proche du mâle; l'analogie porte à croire que la
» même chose a lieu dans les Mammifères, et c'est ici
» un des plus beaux résultats de l'anatomie et de la
» physiologie comparées (1). »

Les naturalistes modernes sont parvenus à la démonstration de cette idée, ainsi que nous le prouverons dans la discussion des lois qui suivent et ils ont
reconnu que les ovaires des Mammifères vierges con-
tenaient aussi des œufs à divers degrés de développement. MM. Richerand et Bérard aîné (2) semblent
déjà l'admettre puisqu'on lit, dans leur œuvre le paragraphe suivant : « Il paraît, d'après les observations
de Haighton et de Home, que la formation de l'ovule
a lieu dans l'ovaire en vertu d'un travail propre à cet
organe et indépendamment de l'influence du sperme,
et que chez les femelles des animaux au temps du rut,
et chez la femme à des époques indéterminées, des
vésicules se forment préparées à l'avance pour les
fécondations à venir (3). »

Comme le dit avec raison M. Ollivier (4), depuis les
recherches de MM. Home, Baër, et Plagge, il est bien
démontré que l'ovule est formé dans l'ovaire des Mammifères avant la fécondation. Déjà, antérieurement à
eux, comme nous le verrons, des observateurs non

(1) Leçons d'anatomie comparée. Paris, 1805. Tome v, page 55.
(2) Nouveaux éléments de physiologie. Paris, 1833. Tome iii,
page 295.
(3) Nous démontrerons plus loin que les ovules tombent spontanément, et au contraire à des époques déterminées.
(4) Dictionnaire de médecine. Tome xv, page 291.

moins recommandables, tels que Malpighi, Vallisnéri, Santorini, Bertrandi, Brugnone, Cruikshank, avaient fait, sur les ovaires de certaines filles vierges ou de quelques Mammifères, des remarques qui venaient à l'appui de cette opinion. M. Coste (1) a également reconnu que les œufs préexistaient à la fécondation dans les ovaires des Mammifères; et enfin, comme nous le redirons, nos observations sur ceux de quelques filles vierges et d'un grand nombre d'animaux nous ont amené à considérer ce fait ainsi qu'il l'est aujourd'hui par tous les naturalistes, c'est-à-dire comme incontestable (2).

Les vésicules de Graaf qui s'observent dans l'ovaire des Mammifères varient beaucoup sous le rapport de leur nombre et de leur développement, ce qui indique, *à priori*, que ce n'est point la fécondation qui les produit et les fait arriver pour ainsi dire à l'état de maturité durant lequel l'œuf, comme un fruit mûr, se sépare spontanément de l'organe qui l'a engendré. Haller ayant fixé à quinze le nombre des vésicules de l'ovaire chez la femme, on a désormais regardé comme un sacrilége tout ce qui pouvait contredire l'immortel physiologiste. Personne n'a plus que nous de considération pour les opinions des hommes illustres, mais nous n'admettons point leur infaillibilité; aussi, nous sommes forcé de dire que d'après de nombreuses dissections, nous pouvons affirmer que les vésicules ovariques varient relativement à leur nombre, et qu'elles se produisent successivement. Dans tous les animaux, les ovules s'engendrent manifestement

---

(1) Embryogénie comparée. Paris, 1837. Tome 1, page 81.
(2) Voir la Ve loi pour le complément de ces assertions.

à chaque époque des amours : aussi, nous ne voyons pas pourquoi on voudrait qu'il y eût une exception pour les Mammifères ; certes elle n'existe pas.

Le mâle détermine si peu la production des ovules et il a si peu d'influence sur l'émission de ceux-ci, que, dans beaucoup d'animaux, chez les femelles vierges, on aperçoit déjà sur le vitellus des rudiments d'embryon. Malpighi (1) et Haller (2) l'ont évidemment démontré sur celui du poulet ; Spallanzani (3) est arrivé au même résultat en étudiant la génération des Amphibiens, et il a reconnu que chez les Grenouilles, les Crapauds et les Salamandres, les fœtus existent déjà dans les œufs des femelles lorsqu'ils sont encore contenus à l'intérieur des ovaires et qu'ils n'ont pas subi la fécondation. Nous-même (4) nous sommes parvenu à démontrer que le vitellus des Mollusques offre un certain degré d'organisation et qu'il constitue assurément la trame de certains viscères du jeune animal qui doit se développer sous l'influence de l'imprégnation.

Ce n'est donc point le mâle qui engendre l'embryon dans l'œuf ; seulement il lui communique une surexcitation vitale sans laquelle ses premiers rudiments s'anéantiraient. Cette impulsion du mâle est attestée par la ressemblance que les êtres produits offrent avec leur père et par l'avortement des ovules quand l'influence de celui-ci n'a point eu lieu.

---

(1) *De formatione pulli in ovo dissertatio epistolica.* Londres, 1673.
(2) *De formatione pulli in ovo.* 1758.
(3) *Dissertazioni di fisica animale e vegetabile.* Modène, 1780.
(4) Pouchet. Zoologie classique ou histoire naturelle du règne animal. Paris, 1841. Tome ii, page 344.

Dans la série zoologique, la physiologie de l'ovaire offre deux grandes modifications; tantôt cet organe n'opère sa sécrétion d'œufs qu'une seule fois durant l'existence de l'individu, et tantôt il est appelé à produire périodiquement un certain nombre de ceux-ci. Chez les animaux qui sont soumis à cette dernière condition, et tels sont les vertébrés, à une époque fixe, qui est *ordinairement* déterminée par l'influence des saisons, les ovaires se gonflent et se remplissent d'œufs qui sont expulsés aussitôt qu'ils ont acquis un certain degré de développement. Sur les espèces domestiques, l'influence de la nourriture, de l'abri et des soins augmente la faculté procréatrice et détermine de plus fréquents retours de turgescence dans les ovaires, ce qui explique facilement la continuité que l'on croit observer dans la faculté d'engendrer qu'offrent certains Oiseaux ou Mammifères domestiques; continuité qui n'est qu'une illusion, car chez eux, comme chez l'espèce humaine, les ovaires éprouvent une véritable intermittence dans l'émission de leur sécrétion ou de leurs œufs; mais seulement cette intermittence a été méconnue par les observateurs, parce que ses périodes sont devenues beaucoup plus rapprochées.

Les anatomistes et les physiologistes professaient généralement (1) qu'après la puberté, chez les Mammifères et l'espèce humaine, il ne se formait plus de vésicules de Graaf et conséquemment plus d'œufs. Ils prétendaient que les premières diminuaient avec l'âge, soit par le fait de la production des petits ou des enfants, soit par l'affaissement de leur tissu, car sur les

(1) Voyez, entre autres, Bourdon. Principes de physiologie comparée, page 133.

vieilles femmes on ne trouve plus aux ovaires que des endurcissements sans fluide intérieur.

Cette diminution successive des vésicules des ovaires, et enfin leur disparition totale, sont des faits exacts; seulement leur nature a été en partie mal interprétée. En effet, ces vésicules ne s'absorbent pas, mais constamment elles s'ouvrent à des époques fixes, puis elles expulsent les œufs que renfermait leur intérieur. Cela est hors de doute pour tous les vertébrés qui ont des œufs fort apparents, et existe aussi à l'égard de l'espèce humaine et des Mammifères; seulement sur celle-là, ainsi que chez ces derniers, la petitesse des œufs avait, jusqu'à présent, empêché de constater ce phénomène physiologique, et d'établir son identité avec ce qui s'observe dans toute la série zoologique.

Cette assertion sera rendue évidente dans l'un des chapitres suivants; dans celui-ci nous n'avons eu pour but que de démontrer que dans tout le règne animal les œufs préexistent à la fécondation, et cela était facile et court en s'appuyant sur tous les faits connus et sur la démonstration que notre époque a donnée à cette proposition.

IVE LOI FONDAMENTALE.

Des obstacles physiques s'opposent à ce que chez
les Mammifères le fluide séminal puisse être mis en
contact avec les ovules encore contenus dans les
vésicules de Graaf.

Quel que soit le lieu où la fécondation s'opère, il est
certain qu'il faut que le produit des deux sexes soit
mis immédiatement en contact; mais, comme le dit
avec raison M. Velpeau (1), ce contact ne peut s'effectuer sans que la coque de l'ovaire et la capsule de l'o-
vule se déchirent, et quand un ovule est vivifié on ne
peut plus admettre qu'il soit renfermé dans l'ovaire.
En parlant de l'époque à laquelle les œufs tombent
dans l'utérus après l'accouplement, M. Coste dit que
cette question a beaucoup occupé les anatomistes, et
que, malgré tous leurs efforts pour la résoudre, ils ne
paraissent pas encore être arrivés à aucun résultat positif. J'ajouterai qu'il leur eût été bien impossible de
parvenir à ce résultat, et cela parce qu'ils sont presque
tous partis d'une idée totalement fausse, qui consiste
à admettre que le contact du fluide séminal avive les
vésicules de Graaf, puis en détermine le développement, d'où résultent la production et la chute des œufs.
L'inspection attentive des assertions des auteurs suffirait seule pour démontrer mathématiquement la
fausseté de leurs prétentions, et pour établir que la

(1) Traité complet de l'art des accouchements. Tom. 1, p. 213.

maturité et la rupture des vésicules de Graaf ne sont pas en rapport avec l'accouplement, ou, en un mot, que ce n'est pas la fécondation qui opère l'extension de ces vésicules et les excite à produire des ovules.

Pour admettre que le fluide séminal détermine l'évolution des ovules qui s'élaborent dans les ovaires, il faudrait que ces ovules y fussent tous dans les mêmes conditions, et il n'en est nullement ainsi, car il s'y en trouve d'une organisation et d'un volume si différents, que vraiment un même fluide, un même stimulus, ne peut rationnellement pas avoir sur eux une semblable action vitale.

En outre, pour que la fécondation eût lieu à l'ovaire, il faudrait encore que la liqueur prolifique possédât des propriétés inconnues à la matière pondérable, afin qu'elle arrivât jusqu'aux ovules, car Spallanzani (1) et MM. Prévost et Dumas (2) ont fort bien démontré que ce n'était point un *aura seminalis* qui fécondait l'œuf, mais bien la partie la plus consistante de ce fluide. En effet, comment comprendre que l'infiniment minime quantité de sperme émise par certains animaux invertébrés puisse s'insinuer dans tous les tubes qui composent les ovaires, et aille y aviver les longs chapelets que forment les myriades d'œufs qu'ils contiennent, et sur lesquels ils sont resserrés ? Comment comprendre qu'un fluide puisse successivement passer entre les parois de ces tubes et les œufs qui en encombrent la cavité, pour parvenir jusqu'aux derniers de ceux-ci qui sont à peine ébauchés, et qui même se

---

(1) *Dissertazioni di fisica animale e vegetabile.* Modène, 1780. T. II.

(2) Annales des sciences naturelles. Tome III. Dictionnaire classique d'histoire naturelle. Paris, 1825. Tom. VII.

trouvent séparés, comme le dit M. Lacordaire (1), par des espèces de placentas ? Dugès (2), pas plus que nous, n'en conçoit la possibilité ; et M. Audouin (3) pense avec beaucoup de discernement que leur fécondation se fait quand ils passent devant la poche copulatrice. Lorsque de si manifestes difficultés s'élèvent à l'égard des Insectes, comment supposerait-on que la fécondation pût avoir lieu chez certains vertébrés dont l'organisation est analogue ? Comment enfin supposer que les trompes, qui ont évidemment pour mission d'émettre les œufs, aient aussi celle de porter le fluide séminal en sens contraire et de le faire parvenir jusqu'aux ovaires ? Connaît-on quelque glande dont le canal excréteur ait tour à tour la mission d'émettre à l'extérieur les produits sécrétés, et d'y puiser des fluides pour les amener vers la glande ? Non, assurément non, et aucune analogie physiologique ne peut être invoquée dans cette circonstance. L'étroit canal formé par les trompes de Fallope est régi par les mêmes lois que les autres conduits excréteurs, et il est simplement destiné à porter les œufs dans l'utérus ; ses contractions ne s'opèrent normalement que de l'intérieur vers l'extérieur, et à l'exception de quelques cas rares, que nous expliquerons plus loin, jamais il ne se contracte du dehors vers le dedans. Aussi est-il impossible que ce canal transporte jusqu'aux ovaires la semence du mâle. D'ailleurs, celle-ci y arrivât-elle par ce canal, elle y serait la plupart du temps sans effet pour opérer la

---

(1) Introduction à l'entomologie. Paris. 1838. Tom. ii, p. 380.

(2) Physiologie comparée de l'homme et des animaux. Paris, 1838. Tom. iii, p. 293.

(3) Annales des sciences naturelles. Tom. ii.

fécondation, car si ce fluide ne trouvait pas des ovules au moment où ils s'échappent de leurs enveloppes et sont tout à fait libres, il ne pourrait certainement pas les aviver, soit parce que les tissus qui les environnent, lorsqu'ils se trouvent encore contenus dans les vésicules de Graaf, ne sont point perméables au fluide séminal, soit parce que les ovules n'y possèdent pas à ce moment le degré de développement auquel il est nécessaire qu'ils soient parvenus pour éprouver l'imprégnation.

Les belles expériences de Spallanzani, répétées par MM. Prévost et Dumas, nous semblent démontrer sans réplique que la fécondation ne peut avoir lieu que quand l'œuf est débarrassé de ses enveloppes ovariennes. En effet, ces naturalistes ont prouvé que c'était la partie la plus compacte du fluide séminal, qui opérait la fécondation; ils ont vu que si l'on soumettait à plusieurs filtres du sperme de Grenouille, la liqueur filtrée qui ne contenait plus de zoospermes n'était point propre à aviver les œufs de cet animal, tandis que la portion épaisse du fluide qui était restée à la surface des filtres et qui contenait les animalcules vivifiait tous les œufs que l'on mettait en contact avec elle.

Sans nous occuper du rôle que les animalcules spermatiques peuvent jouer dans l'acte de la fécondation, les expériences si précises et si positives entreprises par les savants que nous venons de citer, prouvent bien évidemment, au moins, que c'est la partie la plus épaisse du sperme qui avive les œufs, partie qui ne peut certainement passer à travers les filtres.

Cette proposition bien établie, il en découle conséquemment que les ovules ne peuvent être fécondés dans l'intérieur des vésicules de Graaf, car si le fluide séminal perd sa faculté en passant à travers des filtres grossiers, à bien plus forte raison il doit s'en déposséder en traversant les tuniques qui enveloppent l'ovule; tuniques bien autrement serrées que les filtres des expérimentateurs, et qui, en admettant même, ce qui n'est nullement prouvé, que la partie liquide du sperme puisse les traverser, retiendraient certainement à l'extérieur de l'organe la partie vivifiante de ce fluide.

D'après les travaux des anatomistes modernes, il est évident que les ovules des Mammifères sont protégés par trop de tissus ou de fluides, pour que l'on puisse admettre qu'un liquide provenant du dehors peut être mis en contact avec eux. En effet, pour que chez ces animaux le fluide séminal vînt imbiber les ovules contenus dans les ovaires, il faudrait que ce fluide, après avoir parcouru l'étroite trompe de Fallope, traversât la tunique que le péritoine forme sur ces organes; puis qu'il franchît l'épaisse enveloppe fibreuse qui s'observe à leur surface, et enfin le liquide des vésicules dans lequel baigne l'ovule, qui y est libre. Comment se figurer qu'un tel chemin puisse être parcouru par la liqueur prolifique?

En scrutant les écrits des savants, on s'aperçoit que de tout temps ceux-ci ont été embarrassés pour faire parvenir le fluide séminal jusqu'aux ovules, et qu'à cet effet souvent ils se sont efforcés de soustraire la fécondation aux lois physiques ordinaires. Tels furent, entre autres, Chaussier et Dugès (1), qui, en

(1) Revue médicale. 1826.

désespoir de cause, prétendirent que la liqueur prolifique, ne pouvant parvenir aux ovaires à l'aide des
voies directes, était pompée par les absorbants et
passait dans le torrent de la circulation, qui se char-
geait de la transporter jusqu'aux ovules. Il est vrai
que ce dernier ne professa que fort peu de temps
cette étrange théorie. D'autres croyaient que la vapeur
du fluide, *l'aura seminalis*, suffisait pour opérer la
fécondation; mais cette manière de voir a succombé
devant les expériences des physiologistes modernes,
et nous ne pensons pas qu'aujourd'hui personne ose encore la soutenir. Cependant ces faits témoignent d'une
manière satisfaisante de la difficulté qu'éprouvaient
certains savants pour découvrir les voies par lesquelles
s'opérait un phénomène qui n'a réellement pas lieu, et
qu'ils inventaient en élevant ainsi une entrave de plus
à la théorie déjà trop mystérieuse de l'acte générateur.

A nos arguments, déduits de l'observation et du
raisonnement, vient encore s'ajouter l'ascendant de
l'expérience. Divers physiologistes, parmi lesquels on
compte d'abord Spallanzani (1), puis MM. Prévost et
Dumas (2), ont essayé de féconder des œufs encore
situés dans les ovaires, et ils ont constamment échoué,
tandis qu'ils réussissaient toujours à opérer l'évolution
de ceux que, chez les mêmes animaux, ils prenaient
au delà de ces organes.

En scrutant les faits on voit qu'il est impossible de
ne pas admettre que, pour que la fécondation s'opère,
il faut que ces œufs aient acquis un certain degré de
développement qui les ait mis dans les conditions

---

(1) *Dissertazioni di fisica animale e vegetabile.* Modène. 1776.
(2) Annales des sciences naturelles. Tom. III.

nécessaires pour recevoir l'imprégnation ; beaucoup
de physiologistes ou d'anatomistes l'ont pressenti ;
M. Roux (1) dit avec raison que l'on présume que les
vésicules ne sont pas toutes disposées à recevoir l'impression du fluide séminal, et qu'il n'y en a qu'une
seule ordinairement chez l'espèce humaine qui soit
dans cet état. Il avait le doigt sur la vérité ; un peu
plus de hardiesse, il la mettait en évidence dans tout
son jour ; mais quelques phrases plus loin, cet anatomiste s'éloigne du vrai, en attribuant le développement de l'ovule à l'imbibition séminale.

En parlant des Mammifères, MM. Grimaud de Caux
et Martin-Saint-Ange (2) disent que le détachement
de l'œuf à l'ovaire est presque toujours, chez ces vertébrés, le résultat de la fécondation, mais que pour
l'espèce humaine surtout il y a des cas où l'ovaire est
provoqué à cette action par d'autres causes. Nous pensons tout différemment, puisque nous posons en principe que, hors de rares cas anormaux, jamais la fécondation n'est la cause efficiente de la chute de l'œuf
chez la femme et les animaux , et que toujours l'ovaire
est provoqué à cet acte par une action interne inhé-
rente à la nature physiologique de l'organisme.

Nous admettons bien que l'union sexuelle puisse
hâter l'émission des œufs par l'excitation qu'elle produit, mais elle n'en est pas la cause efficiente; c'est
seulement une simple contraction organique ou une sti-
mulation locale qui se produit alors et qui active une
sécrétion normale que la nature élaborait paisiblement
et qu'elle travaillait elle-même à expulser, lorsque des

(1) Anatomie descriptive de Bichat. Tom. v, p. 338.
(2) Histoire de la génération de l'homme.

impressions extérieures ont activé l'accomplissement
de l'acte qu'elle méditait.

Il a été incontestablement démontré, comme nous
le redirons avec détail en son lieu, que sur les animaux de presque toutes les classes, les œufs se forment dans les ovaires par la seule force plastique de ces
organes, et qu'ils en sont souvent expulsés sans que
les femelles aient aucun rapport avec les mâles. Les ouvrages de Rœsel (1), de Bernouilli (2), de Tréviranus (3),
de Buffon (4), de Blumenbach (5), de Duméril (6),
de Cuvier (7), de Geoffroy-Saint-Hilaire (8), de Burdach (9), de Dugès (10) et de beaucoup d'autres savants, forment une telle autorité sur ce fait qu'il n'est
plus permis d'en douter. Lorsque ce mode d'action
a été observé sur tant d'animaux divers, et qu'il
se produit même sur des vertébrés d'une organisation
supérieure, pourquoi donc ne suivrait-il pas les mêmes
lois chez l'espèce humaine et les Mammifères, eux sur
lesquels les ovules étant moins volumineux ont nécessairement dû subir moins de préparation et se produire
plus simplement ? En effet, si les œufs des Oiseaux, des

(1) Amusements sur les Insectes (ouvrage allemand). Nuremberg,
1761.
(2) Mémoires de l'académie de Berlin. 1772.
(3) Vermische Schriften. Tom. IV.
(4) Discours sur la nature des Oiseaux. Aux Deux-Ponts, 1785.
P. 34.
(5) Manuel d'histoire naturelle. Metz, 1803. P. 181.
(6) Traité élémentaire d'histoire naturelle. Paris, 1807. Tom. II,
p. 215.
(7) Leçons d'anatomie comparée. Paris, 1805. Tom. V, p. 7.
(8) Philosophie anatomique. Paris, 1822. P. 360.
(9) Traité de physiologie considérée comme science d'observation. Paris, 1838. Tom. II, pag. 234.
(10) Physiologie comparée de l'homme et des animaux. Paris.
Tom. III, p. 261.

Amphibiens et de la plupart des Poissons, qui sont si apparents, si développés, s'élaborent dans les ovaires et s'en trouvent expulsés sans le concours du mâle, pourquoi donc avoir imaginé que dans les Mammifères, animaux chez lesquels, ainsi que nous venons de le dire, les œufs sont bien moins élevés en organisation, ils aient cependant besoin d'une opération physiologique de plus, de la fécondation, pour apparaître dans leur organe producteur ? Cela n'est pas rationnel ; c'est une inexplicable anomalie de l'intelligence de l'avoir jamais supposé.

L'étude des faits contradictoires qui s'observent dans toute la série animale rendrait inexplicables les vues des physiologistes qui veulent que la fécondation détermine la formation de l'œuf des Mammifères et de la femme, si l'on ne savait ce qui les a dominés lorsqu'ils ont admis cette singulière théorie. Ce qui les a dominés, c'était l'explication des grossesses ovariques et tubaires ; ils ont sacrifié tout à celle-ci et ils ont soumis la fonction naturelle aux règles du fait anormal : c'est une grossière erreur (1).

Quoique nos convictions nous portent à admettre que la fécondation a lieu dans l'endroit où l'ovule se développe, c'est-à-dire dans l'utérus, nous consentons bien volontiers à abandonner ce point de théorie, car ce qui seul est essentiel à établir pour nous, c'est que ce n'est pas le fluide séminal qui détermine la production de cet ovule dans l'ovaire, et que celle-ci a lieu sans le concours du mâle. Nous pensons être arrivé à ce but en démontrant successivement dans les sections

---

(1) Nous reviendrons sur ce sujet en traitant de la IIe loi accessoire.

précédentes et dans celle qui suit : 1° que, chez tous les animaux, la génération se produit à l'aide d'œufs ; 2° que ceux-ci sont émis spontanément par les ovaires indépendamment de la fécondation ; et 3°, dans ce paragraphe, nous avons établi, comme surcroît de preuve, que le fluide séminal ne peut même pas être mis en contact avec les ovules qui sont encore contenus dans les vésicules de Graaf de la femme et des Mammifères, parce que les lois physiques et physiologiques s'y opposent.

V^E LOI FONDAMENTALE.

Dans toute la série animale, incontestablement, l'ovaire émet ses ovules indépendamment de la fécondation.

Le point capital de mon œuvre consiste à démontrer incontestablement l'existence de cette loi ; en invoquant successivement l'observation, l'expérience et la logique, nous allons, je l'espère, y parvenir, et lui donner la force d'un axiome.

En s'occupant des fonctions des ovaires, la plupart des savants furent entraînés par l'ascendant de Graaf, et ils crurent avec cet anatomiste que les vésicules ne se développaient sur ces organes que par l'influence de la fécondation. Mais assurément cette idée, que plusieurs physiologistes adoptèrent inconsidérément sur la seule autorité de l'anatomiste qui avait éclairé si vivement la structure de ces glandes, et que beaucoup d'autres répétèrent servilement d'après la parole du maître, ne peut soutenir le contrôle des scrutateurs judicieux.

Depuis environ dix années, les anatomistes et les naturalistes ayant incontestablement prouvé que la génération des Mammifères, et même de l'espèce humaine, se produisait à l'aide d'œufs, on a donc pu, à compter seulement de cette époque, statuer positivement sur ce que précédemment l'analogie semblait seule indiquer, savoir : que les animaux de cette classe et la femme elle-même, relativement à l'unité de com-

position de leur œuf, ne se dérobaient point au plan
général auquel est soumise toute la série zoologique,
et dès lors il nous a été possible de poser en principe
qu'il y avait aussi chez eux unité physiologique.

En effet, l'identité de l'œuf des Mammifères et de
celui des autres animaux étant prouvée, et en outre
l'identité de l'œuf des Mammifères et de celui de la
femme étant également prouvée, on doit en conclure
qu'il est impossible qu'il n'existe pas chez tous une
semblable identité physiologique dans le mode de production et d'émission de celui-ci. La logique indique
suffisamment ce résultat, et l'expérience et l'observation, par leur ascendant, viennent le confirmer incontestablement.

Pour s'avancer méthodiquement dans la série des
faits, et arriver à une démonstration positive de la
loi qui nous occupe, on n'a que deux choses à prouver, savoir: que, dans toute la série animale, les œufs
se forment dans les ovaires sans l'influence du mâle, et
qu'ensuite ils sont expulsés spontanément par ces organes. On arrive facilement à ce but par deux moyens :
d'abord en établissant, ce que la moindre observation
dévoile, que dans d'immenses légions d'animaux les
œufs s'aperçoivent avant la fécondation, et que chez
d'autres le mâle ne les imprègne qu'après qu'ils ont été
expulsés au dehors par les femelles ; puis ensuite en
démontrant que sur les animaux où la nature ne décèle
pas aussi ostensiblement ses procédés, les ovaires n'en
fonctionnent pas moins physiologiquement d'une manière parfaitement identique.

Quand, par l'ascendant de l'analogie, on a bien établi
ces faits à l'égard des Mammifères, car c'est en eux
que réside toute la difficulté, on arrive à rendre cette

loi tout à fait incontestable, et à la mettre enfin à
l'abri de toute objection, en prouvant par l'observation
qu'il existe des corps jaunes chez les femmes et chez
les Mammifères vierges, ainsi que beaucoup de physiologistes l'ont observé et que nous l'avons souvent
reconnu nous-même. Là se résume toute la question.

‹ Si par des arguments irrécusables nous avons démontré, en discutant les lois précédentes, que les
ovules préexistent dans l'ovaire à la fécondation, il devient évident aussi que, dans toute la série animale,
le mouvement vital les porte spontanément au dehors,
soit que l'imprégnation, comme on l'observe dans
d'immenses légions de la série zoologique, s'opère à
l'extérieur même des femelles (1), soit qu'elle ait lieu
à l'intérieur, ainsi que cela existe sur les autres
êtres de celle-ci (2); car, dans tous les cas, certainement le développement des œufs ne peut s'arrêter,
et ils sont constamment expulsés des ovaires par la
seule influence vitale de ces organes, pour recevoir
plus ou moins loin d'eux le fluide qui doit les vivifier.

Le nombre des savants qui considèrent la fécondation
comme produisant l'émission des germes ovariques,
diminue chaque jour sous l'ascendant des faits qui
surgissent de toutes parts pour combattre cette opinion; et, nous n'en doutons pas, avant peu les physiologistes adopteront à l'unanimité que *l'ovaire émet
constamment et spontanément les ovules* qu'il sécrète,
tout en reconnaissant seulement que l'union des sexes
et d'autres stimulations qui réagissent sur les organes génitaux peuvent en activer un peu l'expulsion, mais que

(1) Poissons osseux, Amphibiens.
(2) Reptiles, Oiseaux, Mammifères.

jamais elles n'en déterminent la production. Les naturalistes qui se trouvent encore sous l'empire des opinions des ovaristes, ou qui sont embarrassés par l'explication des grossesses extra-utérines, forcés cependant par l'accumulation des preuves, énoncent aujourd'hui leurs théories avec moins de précision, et admettent que *parfois* les ovules de l'espèce humaine et des Mammifères tombent spontanément des ovaires. C'est déjà un pas de fait vers la vérité, mais il fallait avoir le courage de dire : *toujours*.

C'est ainsi que MM. Grimaud de Caux et Martin-Saint-Ange (1) se contentent de professer que, chez les Mammifères, le détachement de l'ovule de l'ovaire est *presque* toujours le résultat de la fécondation, et qu'ils ajoutent que cependant chez l'espèce humaine cet acte peut être provoqué par d'autres causes. Dugès (2), dominé aussi par l'incertitude que l'autorité des faits suscitait naturellement dans son esprit, semble également osciller à l'égard de ce sujet, et dit que si ce n'est pas dans l'ovaire même que l'ovule est fécondé, c'est du moins *immédiatement après sa sortie de cet organe.* Ces divers savants admettaient donc, dans certains cas, l'émission spontanée des ovules. Or, dans un acte aussi important, la nature ne procède pas avec tant d'oscillations et d'incertitudes ! elle agit uniformément et constamment de même ; il n'y a pas à hésiter, il faut opter pour l'une ou l'autre opinion. On ne peut pas dire qu'en physiologie, une fonction interne, pour s'opérer, a tantôt besoin du concours d'un

---

(1) Histoire de la génération de l'homme. Paris.
(2) Physiologie comparée de l'homme et des animaux. Paris, 1838. Tom. III, p. 298.

acte extérieur auquel on donne la plus haute importance, et tantôt qu'elle peut s'en passer ; il n'y a aucune sécrétion sur laquelle on oserait professer une
semblable opinion.

Les savants qui ont été dominés par l'idée que la
fécondation détermine la chute des ovules nous offrent
eux-mêmes sur ce sujet les résultats les plus disparates,
lorsqu'ils tentent d'évaluer le temps que le produit des
ovaires met après cet acte pour arriver jusqu'à l'utérus. Leur erreur provient de ce qu'ils sont partis d'un
principe totalement faux, en admettant une cause qui
n'existe nullement (1).

La nature a dévoilé ses procédés à l'égard de la
majorité des êtres qui pullulent à la surface du globe,
et chez la petite fraction où ses mystérieuses opérations
se dérobent encore à notre investigation, il n'y a nul
doute qu'elles ne suivent les mêmes lois.

Sur la plupart des animaux les œufs sont fécondés à
l'aide d'un accouplement, et dans l'intérieur des organes femelles. Ce cas s'observe sur les Mammifères,
les Oiseaux et les Reptiles proprement dits ; mais sur
d'autres vertébrés l'imprégnation des œufs n'a lieu
qu'à l'extérieur.

En effet, les naturalistes ont suffisamment éclairci
l'histoire de la génération de nombreuses tribus d'animaux, pour prouver que chez elles les œufs sont émis
sans que les femelles aient aucun rapport avec les
mâles, et que ceux-ci ne les fécondent que lorsqu'ils
sortent de leur corps, ou même longtemps après. Certains Amphibiens se trouvent dans la première caté-

---

(1) Consultez les auteurs qui ont écrit sur ce sujet et vous verre
le désaccord exorbitant qui règne dans leurs appréciations.

gorie, et les plus immenses légions de Poissons osseux dans la seconde. C'est un fait tellement connu qu'il est inutile d'insister à son égard, et sur lequel du reste on peut trouver des détails dans les ouvrages des savants qui, tels que Bloch (1), Bonnaterre (2), Lacépède (3), Cuvier (4) et M. Valencienne (5), se sont particulièrement occupés d'ichthyologie ou d'erpétologie.

L'exemple des derniers animaux que nous venons de citer, et que nous voyons produire leurs œufs sans aucun accouplement, suffirait seul pour faire admettre que ceux-ci suivent dans l'ovaire toutes les phases de leur développement sans le concours de la fécondation, acte qui ne sert qu'à aviver le germe et à lui imprimer le mouvement vital sous l'influence duquel il produit l'embryon.

Lorsque l'on étudie avec soin toute la série animale, depuis les Zoophytes jusqu'aux Mammifères, on reconnaît que partout, à l'époque des amours, il apparaît spontanément dans les ovaires un certain nombre d'ovules qui s'y développent plus ou moins, et qui ensuite sont expulsés au dehors.

La présence de ces ovules précède toujours la fécondation ; aussi est-il impossible de prétendre que c'est par son influence qu'ils prennent naissance; dans beaucoup d'animaux inférieurs, on en voit même

---

(1) Ichthyologie ou histoire générale et particulière des Poissons. Berlin, 1796.

(2) Encyclopédie méthodique. Ichthyologie, p. 24.

(3) Histoire naturelle des Poissons. Paris, 1830, tome 1, p. 88, et Histoire naturelle des Quadrupèdes ovipares. Paris, 1832, t. 11, p. 77.

(4) Le règne animal distribué d'après son organisation. Paris, 1839, tome 11, p. 102.

(5) Histoire naturelle des Poissons. Paris, 1828, tome 1, p. 539.

déjà la trace lorsque ceux-ci sont encore sous leurs formes primitives (1). L'influence du mâle est même si peu nécessaire au développement et à l'émission des œufs chez les Insectes, que beaucoup d'exemples constatent que lorsque la femelle est isolée totalement de celui-ci, il n'en arrive pas moins qu'elle produit ses œufs.

Le judicieux Pallas et Albrecht assurent que des Phalènes séquestrées de tout mâle immédiatement après leur sortie de la chrysalide pondent des œufs sans accouplement (2). Rœsel (3) a aussi rapporté des cas analogues, et il fait remarquer que dans ces circonstances les œufs ne donnent naissance à aucune progéniture ; Bernouilli (4), Tréviranus (5) et Burmeister (6), ont également constaté ces observations, et M. Lacordaire (7), qui a récemment écrit sur l'entomologie, assure aussi que les femelles de certains Insectes qu'on a obtenues de leurs larves, et qui n'avaient jamais été approchées des mâles, ont pondu des œufs parfaitement conformés.

Les observateurs se sont souvent égarés en suivant la succession des phénomènes du développement des êtres, parce qu'ils ont considéré celle-ci sous un point de vue trop général, et sans faire abstraction de ses

---

(1) Dans beaucoup de nymphes, on aperçoit déjà des œufs dans les ovaires ; cela est fort évident, ainsi que nous l'avons dit, sur certaines Tipules.

(2) Burdach. Traité de physiologie considérée comme science d'observation, tom. 1, p. 76.

(3) Amusements sur les Insectes (ouvrage allemand). Nuremberg, 1761.

(4) Mémoires de l'Académie de Berlin. Année 1772.

(5) Vermische Schriften. Tome IV.

(6) Handbuch der Entomologie, Tome 1.

(7) Introduction à l'entomologie. Paris, 1838. Tome II.

diverses phases. En voyant les Oiseaux, par exemple,
émettre constamment leurs œufs après l'accouplement,
ils en ont inféré tout simplement que ceux-ci étaient le
résultat de cet acte. La période du rut précédant l'é-
poque de la ponte, et l'animal trouvant toujours à
s'accoupler quand il n'est pas à l'état domestique, on
voit tout naturellement surgir les œufs après le rapprochement sexuel; mais cela n'indique pas que
cet acte détermine la formation de ceux-ci. En effet,
si l'on suppose que la femelle n'ait pu satisfaire ses
ardeurs, les œufs n'en apparaîtront pas moins, si elle
est placée dans les circonstances favorables; Buffon (1)
et Blumenbach (2) sanctionnent l'autorité de cette
assertion en assurant que certains Oiseaux n'ont pas
besoin d'être fécondés pour pondre des œufs, mais ils
ajoutent avec raison que ceux-ci sont stériles. M. Duméril (3) dit aussi, en parlant de ces animaux, que les
œufs existent tout formés dans le ventre de la femelle
avant qu'elle ait été fécondée, et qu'il n'est pas rare
de voir des Poules sans Coq, et des femelles d'Oiseaux
retenues en cage pondre au printemps des œufs absolument semblables à ceux qui auraient été fécondés.
Parmentier (4) a contribué à rendre ce fait incontestable. E. Home (5) dit que les Pigeons auxquels on
ne permet pas de s'accoupler n'en font pas moins
autant d'œufs que s'ils avaient été fécondés. Geoffroy-

---

(1) Histoire naturelle, tome iv, p. 57, et Discours sur la nature des oiseaux, p. 34.
(2) Manuel d'histoire naturelle. Metz. Tome i, p. 181.
(3) Traité élémentaire d'histoire naturelle. Paris, 1807. Tome ii,
p. 215.
(4) Bulletin de la Société philomathique, 88e cahier, p. 213.
(5) Lectures on comparative anatomy. Londres, tome iii, p. 308.

Saint-Hilaire (1), a aussi constaté que les femelles
des Oiseaux pondent sans avoir besoin du contact de
l'autre sexe ; Dugès (2) et Burdach (3) admettent aussi
ce fait comme étant incontestable, et le dernier se
résume par ces mots. « L'individu femelle suffit donc,
à lui seul, pour porter l'embryotrophe, dont un nombre déterminé de petits a besoin jusqu'au degré de
maturité nécessaire pour qu'il puisse être fécondé. »

Ces faits attestés par tant de savants, et qui sont
vulgairement connus à l'égard des animaux que nous
élevons en domesticité, ne peuvent plus être contestés.
Cuvier (4) admet lui-même que, dans tout le règne
animal, il peut y avoir émission des œufs sans accouplement.

Ainsi nous avons successivement prouvé que chez les
Insectes, les Mollusques, les Poissons, les Amphibiens
et les Oiseaux, les œufs précédaient la fécondation,
et qu'ils étaient émis spontanément par les femelles
lors même que celle-ci n'avait pas lieu. Il ne nous reste
donc plus qu'à démontrer que les Mammifères subissent les mêmes lois, et déjà Dugès (5) semble l'avoir
entrevu lorsqu'il dit qu'une excitation spontanée peut
produire des effets analogues à ceux de la fécondation
et chasser de l'ovaire des germes stériles. En généra-
lisant le phénomène, il eût établi la loi que nous
posons en ce moment.

----

(1) Philosophie anatomique. Paris, 1822, p. 360.
(2) Physiologie comparée de l'homme et des animaux. Paris,
1838, tom. iii, p 261.
(3) Traité de physiologie, considérée comme science d'observa
tion. Paris, 1838, tome ii, p. 234.
(4) Leçons d'anatomie comparée. Paris, 1805. Tome v, p. 7.
(5) Physiologie comparée de l'homme et des animaux. Paris,
1838. Tome iii, p. 261.

Des considérations toutes logiques doivent déterminer cette conviction. En effet, s'il est bien reconnu :
1° que dans une partie de la série zoologique les œufs
sont émis à l'extérieur par les femelles sans le concours de la fécondation ; 2° que dans l'autre partie ils
sont fécondés à l'intérieur avant leur expulsion ; et
3° qu'il est constant que chez ces derniers, lorsque la
fécondation n'a point lieu, les œufs sont également
projetés au dehors de la femelle ; si, dis-je, ces trois
données sont exactement démontrées, et elles le sont,
la dialectique la plus serrée force naturellement à
conclure que la fécondation ne détermine nullement
la chute des ovules, et que même en l'absence de cet
acte, ceux-ci doivent être spontanément transportés
au dehors par les propres forces de l'organisme.

Ainsi que nous l'avons dit, depuis les belles observations de Malpighi (1), de Haller (2), et les travaux des ovologistes modernes, il n'est plus possible
de nier que le jaune de l'œuf fait essentiellement
partie de l'embryon des animaux et forme une portion
de leur organisme. Or, cette portion existant déjà dans
les ovaires des vierges, l'on ne peut admettre qu'a-
près s'y être développée jusqu'à un certain point, elle
y reste dans un état complet de stagnation ou qu'elle
s'y détruise. Non : dans toute la série animale, lorsqu'il est arrivé à un certain degré d'accroissement
l'ovule doit être et est constamment expulsé ; en effet,
on ne pourrait concevoir que des ovules qui se sont
développés dans l'ovaire jusqu'à un certain point
pussent ensuite être absorbés et anéantis par le tra-

---

(1) *De formatione pulli in ovo dissertatio epistolica.* Londres, 1673
(2) Mémoire sur la formation du cœur dans le poulet, etc. 1753.

vail même de l'organe dont la seule mission est de les sécréter, et que cette absorption eût lieu dans tous les cas où la fécondation ne se produirait pas. Non, je le répète, il ne saurait en être ainsi; et assurément les ovules se trouvent constamment expulsés des ovaires indépendamment de l'imprégnation : ce qui se passe sur les Oiseaux, les Reptiles, les Poissons osseux, etc., le prouve ostensiblement. Les Mammifères sont dans le même cas, comme nous le démontreront péremptoirement l'expérience et l'observation.

Cependant, nous devons aussi reconnaître que diverses excitations qu'éprouvent les organes génitaux, quoique tout à fait impropres et stériles pour féconder les ovules ou en déterminer l'expulsion, peuvent, il est vrai, dans certaines circonstances, activer un peu cette dernière et même occasionner dans l'œuf un commencement d'évolution; mais si la première action s'observe assez fréquemment, l'autre est excessivement rare.

Quelques observateurs ont, il est vrai, reconnu que les excitations mécaniques peuvent engendrer une modalité qui, à défaut de fécondation, suffit pour exalter le mouvement vital des ovules et produire sur eux les phènomènes primitifs d'un développement anormal. Harvey (1) et Blumenbach (2) disent que les femelles de quelques Oiseaux se prêtent à diverses époques aux excitations voluptueuses que l'on exerce vers leurs parties génitales et qu'un certain temps après elles pondent des œufs inféconds.

(1) *Exercitationes de generatione animalium.* Londres, 1651, p. 18.
(2) *Kleine Schriften*, p. 14

Quelquefois même, comme nous venons de l'é-
noncer, le développement de l'œuf ne s'arrête pas à
ses premières phases, et quoique privé de l'imprégnation, il semble pouvoir commencer son évolution
sous l'impression de stimulants étrangers, et alors on
voit apparaître des productions phénoménales. Par
une anomalie bien remarquable, l'espèce humaine
paraît être même plus sujette que les animaux à cette
singulière aberration.

L'œuf de la femme, qui a subi cet étrange et incomplet développement, se présente parfois sous la forme
d'une poche située dans l'ovaire ou la matrice, et
contenant quelques parties d'un nouvel individu, telles
que des poils, des os, des dents, de la graisse ou des
membranes fibreuses. Sur des filles de douze à quatorze
ans, on a rencontré de ces poches dans lesquelles les
pièces osseuses affectaient des formes irrégulières ayant
fréquemment de l'analogie avec une mâchoire. Tel est,
entre autres, le cas cité par Baillie (1) où l'on découvrit
dans l'ovaire droit d'une jeune fille de douze ans, dont
l'hymen était intact, une poche graisseuse à l'intérieur
de laquelle se trouvaient une certaine quantité de poils,
une canine et deux incisives égalant en volume les dents
d'un enfant âgé de quelques mois.

Hufeland et Harles (2) rapportent un fait analogue
et disent qu'à l'ouverture du corps d'une fille de treize
ans, adonnée depuis l'enfance au vice de la masturba-
tion, on trouva l'ovaire gauche converti en un kyste de
huit pouces de longueur sur cinq de large et contenant

---

(1) Philosophical transactions. Année 1789, p. 71.
(2) Journal allemand de médecine, de chirurgie et de littérature,
tome II, p. 184.

des poils , des cartilages , des pièces osseuses cylindri-
ques et plates , et un fragment de mâchoire inférieure
avec des couronnes de dents canines et de molaires.

L'analogie permet également de placer dans cette
catégorie , dit Burdach (1) , les rudiments de membrane caduque qui , suivant Denmann , se forment
quelquefois dans la matrice des vierges et sortent
au milieu de douleurs causées par une menstruation
difficile, comme aussi les môles oviformes rendues par
des femmes qui n'ont pas eu de relations avec les
hommes (2). J'ai découvert moi-même , sur une jeune
fille vierge , morte dans un hospice de Rouen en 1841,
de ces rudiments de membrane caduque qui adhéraient
aux parois de l'utérus.

Nous n'avons pas eu besoin de nous étendre longuement pour prouver que dans toute la série zoologique,
jusqu'aux Oiseaux inclusivement, les œufs étaient produits et expulsés par les ovaires indépendamment de la
fécondation ; l'autorité des savants , et l'ascendant des
faits et de l'analogie rendaient cette assertion incontestable. Les observations abondent également pour
prouver que les mêmes phénomènes se reproduisent sur
les Mammifères et sur l'espèce humaine, et qu'il n'existe
qu'une seule et harmonieuse loi pour tout le règne animal.

Quelques physiologistes ont prétendu que la solution
de la grande question de la chute spontanée des ovules
chez les Mammifères et la femme était plus curieuse
qu'utile (3). Nous ne pensons point ainsi , car c'est un

(1) Traité de physiologie, considérée comme science d'observation. Paris, 1837, tome 1, p. 77.
(2) Walter (ouvrage allemand).
(3) Brachet. Physiologie, p. 423.

des plus graves et des plus importants problèmes de la physiologie : en effet, si leur chute spontanée est une fois démontrée, il s'ensuivra que l'on devra chercher ses lois ; et si, comme nous avons la certitude de l'avoir fait, on peut les découvrir chez l'espèce humaine, il en résultera peut-être un jour de grands changements politiques et moraux parmi les nations.

Lorsque dans l'universalité des êtres (1) il est manifestement prouvé que la fécondation anime seulement le germe, mais qu'elle n'en décide ni l'apparition, ni l'émission, il est rationnel d'admettre qu'il en est de même dans les Mammifères et l'espèce humaine, chez lesquels la nature a voilé ses opérations d'un mystère qui a longtemps paru impénétrable. La dialectique seule le démontrerait suffisamment : en considérant la sublime harmonie qui règne dans toute la série animale, on ne peut croire que la plus minime partie de la création fasse exception à la loi générale ; l'observation et l'expérience unissent aussi leurs forces pour mettre cette proposition hors de doute.

Dans notre cours public nous avons professé, dès 1835 (2), que l'accroissement des vésicules de Graaf des Mammifères et la chute des œufs n'étaient point déterminés par l'action du fluide séminal, et qu'en outre ces derniers se trouvaient normalement émis à une époque fixe qui a des connexions invariables avec le temps du rut. M. Coste, en 1837, émit des idées analogues, mais sans les poser aussi rigoureusement et

---

(1) Les poissons, les reptiles, les oiseaux, les insectes, les mollusques, etc.

(2) Cours sur l'anatomie et la physiologie comparées des organes génitaux, fait au muséum d'histoire naturelle de Rouen.

sans étendre le principe dans son application. En effet, en essayant d'expliquer les dissidences des auteurs, il dit : (1) « Il nous semble que leurs incertitudes ou plutôt la divergence de leurs opinions proviennent manifestement ici de ce qu'ils ont voulu convertir des faits particuliers en règle générale ; en effet, le passage des œufs dans les cornes de la matrice ne saurait avoir lieu à la même époque pour toutes les femelles : car puisque, comme le prouve l'existence des corps jaunes dans les ovaires des femelles vierges, la déchirure des vésicules de Graaf se produit indépendamment de l'acte copulateur, il s'ensuit que dans les cas où l'accouplement a lieu lors de leur maturité complète, elles laissent échapper l'œuf au moment même ou à une époque plus ou moins éloignée, suivant qu'elles se rompent d'une manière plus ou moins tardive. On peut concevoir aussi que si l'accouplement ne s'opère qu'à une époque qui est marquée pour leur maturité normale, les œufs parvenus dans l'utérus ou en voie d'y parvenir reçoivent l'influence de la conception, ou dans celui-ci ou pendant qu'ils parcourent le canal vecteur. »

M. Coste admet donc, ainsi que nous, que *les vésicules de Graaf peuvent émettre les ovules sans le concours de la fécondation ;* mais nous, nous allons plus loin, et en nous basant sur l'observation de la marche fixe et invariable de la nature, nous cessons de nous astreindre aux inexplicables vacillations de nos devanciers et nous proclamons que *l'œuf est toujours produit à une époque fixe qui est en rapport avec le rut, et qu'il est émis au dehors indépendamment de la fécon-*

_____

(1) Cours sur le développement de l'homme et des animaux, p. 455. Paris, 1837.

dation. Pour nous, c'est une loi positive que nous formulons avec précision, tandis que nos prédécesseurs n'ont admis ce cas que comme une exception que leur imposait l'impérieuse nécessité, lorsqu'il fallait expliquer quelques observations qui ne pouvaient rentrer dans le cadre de leurs théories.

Incontestablement, d'après le paragraphe que nous venons de citer, M. Coste admettant donc que l'œuf est parfois émis par l'ovaire indépendamment de la fécondation, puisqu'il dit qu'il peut être fécondé dans la matrice, alors il ne nous reste plus qu'à prouver qu'il en est toujours ainsi et que l'ovule est constamment expulsé à des époques fixes en rapport avec le rut: c'est là toute notre théorie.

A l'époque de la fécondation, ainsi que l'énonce Cruikshank (1), il s'établit chez les femelles des Mammifères une véritable congestion vers les ovaires, pendant laquelle on voit des vésicules, en nombre à peu près semblable à celui des petits que porte l'animal, se rapprocher de la périphérie de l'organe et se revêtir d'une teinte plus foncée. Ces vésicules, en grossissant sensiblement, deviennent transparentes et s'entourent de nombreux vaisseaux, comme un point enflammé. Il est évident, pour tout physiologiste qui est habitué à scruter les développements organiques, que les manifestations qui s'effectuent alors dans les ovaires ne peuvent s'arrêter pour attendre que la fécondation se produise, et vienne, comme un indispensable stimulant, épancher sur les ovules naissants une nouvelle force vitale, qui doit leur permettre de mûrir et de

_____

(1) Philosophical transactions. Année 1797.

tomber. D'ailleurs, une foule de circonstances ne peuvent-elles pas retarder ou empêcher cette fécondation ? Dira-t-on que ces indices de turgescence apparaissent et reviennent périodiquement sur les vésicules ovariques sans altérer leur faculté germinative, jusqu'au moment où le hasard permet enfin au fluide séminal de s'épancher à la surface des ovaires ? Rien de semblable ne se passe dans les animaux vertébrés dont les œufs sont plus développés, et chez lesquels, la fonction étant plus apparente, ces phénomènes peuvent être suivis attentivement. Dans les Poissons, les Batraciens, les Oiseaux l'œuf une fois formé tombe de l'ovaire sans que la fécondation vienne l'en détacher. Il en doit être évidemment de même pour les Mammifères.

L'analogie, à défaut de l'observation positive, aurait dû avoir assez d'ascendant pour faire admettre ce principe aux physiologistes avancés, depuis que les travaux des naturalistes ont démontré que l'appareil sexuel et la fonction génitale des Mammifères formaient un enchaînement non interrompu avec ce qui s'observe dans les autres vertébrés, et que les Ornithodelphes constituaient le passage des premiers aux Oiseaux. En effet, les beaux travaux de Meckel (1) et de MM. Owen (2) et de Blainville (3) ont incontestablement établi que le système sexuel des Ornithorynques et des Echidnés tient à la fois de celui des Mammifères et de celui des Oiseaux, et qu'il s'en rapproche également par la manière dont il fonctionne.

(1) *Ornithorynchi paradoxi descriptio anatomica*. Leipsick, 1826.
(2) Mémoires sur les glandes mammaires de l'ornithorynchus paradoxus. Londres, 1832.
(3) Dissertation sur la place que la famille des Ornithorynques et des Échidnés doit occuper dans les séries naturelles. Paris, 1812.

L'observation le démontre suffisamment, car les Ornithodelphes ne sont point franchement vivipares, ni
franchement ovipares, de telle manière que l'on a
été obligé d'admettre un moyen terme pour les ca-
ractériser, et qu'on les a nommés Ovovivipares, parce
que leur progéniture est d'abord contenue dans
des œufs qui éclosent durant leur trajet à travers le
canal sexuel, et qu'après la parturition elle vient cependant teter la mère, comme celle des animaux vivipares.

Comme nous l'avons dit, les anatomistes et les physiologistes modernes (1) ayant manifestement reconnu,
ainsi que nous-même, que les ovaires des Mammifères
vierges contiennent des ovules ou œufs à divers degrés de développement, on ne peut admettre que ces
derniers soient contraints de rester dans ces organes
jusqu'à ce que la fécondation vienne les aviver. Assurément non, ces œufs ne peuvent s'arrêter dans
leur développement pour attendre l'imprégnation.
Or, chez les Mammifères comme chez les autres vertébrés, il n'y a pas de doute, lorsque l'accroissement
des œufs est arrivé à son summum, ceux-ci sont expulsés spontanément des ovaires et s'acheminent dans
les voies génitales, à l'intérieur desquelles ils sont
parfois fécondés et se développent, mais qui, d'autres
fois, les transmettent simplement au dehors de l'individu. Et si chez les Mammifères seuls cette action spontanée, intermittente et régulière, a passé inaperçue,

_____

(1) Voyez surtout Prévost et Dumas. Annales des sciences naturelles. Tome III. Baër, *De ovi mammalium et hominis genesi*. Coste,
Embryogénie comparée. Tome I, p. 81.

cela est dû à l'extrême petitesse des œufs de ces animaux.

M. Coste dit textuellement que durant le rut des chiens, on pourrait désigner ceux des ovules qui sont destinés à tomber, tant ils se distinguent des autres par leur dimension. Ce fait, qui est vrai, indique suffisamment qu'à cette époque il y a une évolution de ceux-ci, et l'on ne peut pas supposer que si l'accouplement était alors interdit à ces animaux, leurs ovules s'anéantiraient après être devenus si apparents. Non certainement, et ils sont appelés à être expulsés spontanément et successivement selon l'ordre de leur développement, et vers la fin de l'époque du rut; époque à laquelle les parties génitales internes, selon toute probabilité, auront dû être imbibées du fluide fécondateur et pourront les aviver.

L'observation vient elle-même confirmer que tous les œufs émanés de l'ovaire ne possèdent point l'impression vitale. En effet, on a souvent l'occasion de remarquer que le nombre des germes qui se développent dans l'utérus ne correspond pas à celui des vésicules de Graaf déchirées. Ce fait démontre suffisamment que les ovules arrivent dans l'organe incubateur sans avoir subi le contact vivifiant du fluide séminal, puisque tous n'ont point été retenus dans la cavité utérine, qui est toujours disposée à recevoir le produit de la génération.

Si le fluide fécondateur parvenait à l'ovaire et par son action déterminait l'évolution des germes, il devrait dans la plupart des cas s'insinuer à la fois par les deux trompes, et aller stimuler de chaque côté au moins un ovule, de manière qu'il y ait toujours au minimum deux ovules qui tombent dans l'utérus et deux embryons qui s'y forment ; mais la femme n'a presque constamment qu'un enfant, et beaucoup de singes, l'éléphant et presque tous les ruminants, n'ont ordinairement qu'un petit. C'est donc une preuve en faveur de l'opinion que le fluide ne détermine pas l'évolution primitive des ovules par son contact, mais qu'il ne fait qu'animer secondairement ceux que la loi fondamentale de la nature détache de l'organe sécréteur à des périodes fixes. Et d'ailleurs, comme nous l'avons dit, n'a-t-on pas pour confirmer cette loi l'exemple de ce qui se passe chez les ovipares. En suivant les errements de la plupart des physiologistes, on ne pourrait même admettre que les trompes fonctionnassent diversement (1); mais pour moi, si chez beaucoup d'animaux il ne se produit qu'un petit à chaque conception, quoiqu'il y ait deux ovaires, c'est que la nature n'a point donné à ces organes une vitalité qui leur permît d'en émettre davantage.

Aux faits observés sur les animaux, et qui prouvent incontestablement que ce n'est pas la fécondation qui détermine la production des ovules, nous pouvons ajouter le suivant. Une chatte morte subitement, et immédiatement après la parturition, me présenta des ovaires dont la surface était parfaitement lisse ; sur chacun d'eux on voyait trois assez gros tubercules jaunes, dont l'intérieur offrait une cavité à paroi spongieuse et d'un jaune pâle, et qui n'étaient que des restes de corps jaunes. En outre, on y rencontrait plusieurs vésicules de diverses grosseurs remplies d'un

---

(1) Puisque dans leurs théories les physiologistes attribuent l'action des trompes au spasme produit par l'acte vénérien, tandis que nous, nous n'y voyons qu'une action vitale intime.

fluide transparent. Dans l'une d'elles je découvris un
œuf très-apparent ; il n'était formé que par un vitellus
à l'extérieur duquel se trouvait une zone granuleuse ;
cet œuf avait environ le quart de l'étendue de la cavité
qui le recelait. Il était composé de vésicules vitel-
lines extrêmement petites et pressées les unes contre
les autres ; la teinte du jaune était assez foncée pour
paraître subopaque au microscope.

Ce fait d'œufs trouvés à l'ovaire (car je ne doute pas
qu'il n'y en eût aussi dans les autres vésicules que je
n'observai point assez attentivement pour les découvrir), chez un Mammifère venant de mettre bas, est
fondamental. De quelque manière que les critiques
s'y prennent pour l'expliquer, ils n'y parviendront
jamais en s'éloignant de notre théorie. En effet, ces
œufs ne pouvaient être le produit de la fécondation
qui avait donné naissance aux petits, car pourquoi ne
seraient-ils pas tombés aussi dans l'utérus pour s'y
développer ? On n'admettrait pas, d'après les théories
adoptées, qu'ils étaient là en réserve pour fournir une
autre parturition, puisque dans celles-ci l'on suppose
que c'est le contact du fluide séminal qui excite l'o-
vaire à produire ses ovules ! La présence de ces œufs
ne pouvait pas non plus être due à une fécondation récente, car les cornes étaient totalement obstruées par
les fœtus. Ces œufs s'apprêtaient donc à tomber à
l'époque du rut qui suivrait la parturition : c'est,
selon nous, un fait contre lequel on ne peut s'é-
lever.

Les observations abondent pour prouver que ce
n'est pas la fécondation qui détermine la production
et la chute des ovules. Sur une vache pleine que je
disséquai en 1840, je découvris trois *corpora lutea* à la

surface d'un des ovaires et deux sur l'autre ; ils étaient diversement développés , et l'utérus de cet animal ne contenait qu'un fœtus d'environ deux mois. Puis en outre, sur l'un des ovaires on observait deux grosses vésicules à l'intérieur de chacune desquelles il se trouvait un œuf. Ce fait est très-significatif, et les physiologistes qui pensent que c'est la fécondation qui détermine l'apparition des vésicules ovariques ne pourraient jamais l'expliquer par aucun argument plausible. Si c'était le contact du fluide séminal qui déterminât ces vésicules à s'accroître et à expulser leurs œufs, pourquoi aurait-on trouvé cinq *corpora lutea* à différents degrés de développement ou d'affaissement sur un animal qui n'offrait qu'un petit, et qui n'avait subi qu'un seul accouplement ? Et comment surtout expliquer la présence des vésicules dans chacune desquelles flottait un œuf ? Ces vésicules n'avaient pu être fécondées postérieurement à celles qui avaient produit le petit, et dans le cas où elles l'auraient été , comment se fût comporté leur produit ?

N'est-il pas plus rationnel d'admettre que la conception s'opère de la manière suivante : qu'à l'époque du rut les ovaires des Mammifères , soit simultanément, soit à quelque temps de distance, produisent plusieurs ovules , et que si l'union sexuelle coïncide avec le passage d'un ou plusieurs de ceux-ci dans l'utérus , ils se trouvent fécondés, et par leur évolution donnent lieu à la formation d'embryons plus ou moins nombreux. Puis enfin , que les vésicules non crevées que l'on découvre , comme celles que nous observâmes sur la vache et sur la chatte dont l'histoire précède , sont des vésicules qui se développent pour fournir des ovules à l'époque du rut , qui , chez ces animaux, suit ordinairement de si près la parturition : ainsi tout subit une explication facile.

L'étude des ovaires de la femme, faite à divers âges et dans différentes conditions, vient elle-même démontrer la solidité de la loi fondamentale que nous avons posée.

Meckel (1) dit que la superficie des ovaires est, la plupart du temps, lisse chez les vierges, et presque toujours inégale, déchirée, chez les femmes âgées. Cette remarque, faite sous l'influence des anciennes théories de la génération, n'est nullement exacte, les organes n'offrant une surface unie que chez les filles impubères. Sur l'ovaire des femmes qui ont conçu, on rencontre des enfoncements que l'on considère généralement comme les traces du passage des germes développés par la conception; cela est vrai, mais on découvre aussi de ces mêmes traces sur les femmes adultes qui n'ont point eu d'enfants. En admettant donc que ces cicatrices soient produites par l'émission des ovules, ce qui n'est pas douteux, comme on le voit, cette émission se fait chez les vierges ainsi que chez les autres femmes, puisqu'il se trouve également sur elles des indices de son existence. Cuvier rapporte un fait qui le confirme : il dit avoir vu plusieurs de ces cicatrices à la surface des ovaires d'une personne de vingt-sept ans sur laquelle l'hymen existait parfaitement intact (2). J'ai pu moi-même vérifier l'exactitude de l'observation de ce célèbre anatomiste, en disséquant des ovaires de filles adultes de dix-huit à vingt-quatre ans, qui avaient été constamment dé-

(1) Anatomie spéciale. Paris, 1825. Tome III, p. 599.
(2) Leçons d'anatomie comparée. Tome V, p. 56.

tenues, et qui étaient mortes dans des hospices, et dont par conséquent la sagesse ne pouvait être suspectée. Chez elles, ces organes offraient à leur surface des anfractuosités plus ou moins nombreuses, selon l'âge, et qui étaient le résultat de la cicatrisation des vésicules de Graaf qui s'étaient successivement ouvertes pour émettre leurs œufs.

Sur une jeune fille de vingt ans, je fus même assez heureux pour trouver réunies toutes les phases du développement et de l'anéantissement des vésicules de Graaf et de leur contenu. Les ovaires de cette fille, qui n'avait point eu d'enfants et offrait tous les stigmates de la virginité, présentaient à la surface de leur membrane fibreuse plusieurs cicatrices très-apparentes, traces d'anciennes vésicules de Graaf dont l'œuf était tombé. A l'intérieur de ces organes on observait plusieurs anfractuosités qui n'étaient probablement que des vésicules dont l'œuf avait été expulsé récemment, ainsi que devait le faire croire l'état de la membrane interne, qui était brunâtre et ne paraissait plus jouir d'aucune activité vitale. Enfin, vers la superficie de ces ovaires on découvrait huit vésicules offrant divers degrés de développement et ayant d'une demi-ligne à deux lignes de diamètre ; leur membrane interne était comme muqueuse, rougeâtre et très-vasculaire. Ces vésicules, au contraire, subissaient leur accroissement successif et semblaient pleines de vitalité. Dans l'une des plus avancées je trouvai un corps sphérique libre, que j'observai au microscope et que je reconnus pour être un œuf. Cette seule observation, quand bien même on ne pourrait y en joindre une foule d'autres, suffirait pour affirmer que les ovaires subissent durant l'âge adulte un travail inces-

sant qui consiste à produire des ovules, et, à des époques déterminées, à expulser tour à tour ceux-ci lorsqu'ils ont atteint leur maturité.

Depuis que l'on fait des observations sur la génération des Mammifères, on a toujours considéré les
corps jaunes des ovaires comme étant une trace incontestable de la chute des œufs qui avaient été produits
par ces organes. Cela n'est pas douteux, et il est impossible de récuser cette preuve ; or, s'il est constant
que l'on a découvert des corps jaunes chez des Mammifères et chez des femmes vierges, il devient logiquement incontestable aussi que, chez ces animaux
comme chez l'espèce humaine, l'ovaire émet ses œufs
indépendamment de la fécondation. Aucun raisonnement ne peut renverser cette proposition.

D'ailleurs l'opinion et les observations des hommes
les plus célèbres viennent étayer toutes nos assertions
et même les confirmer incontestablement. En effet,
Vallisnéri (1) et Malpighi (2) ont observé des *corpora
lutea* sur de très-jeunes femelles de Mammifères ; et
le premier de ces savants, puis Bertrandi (3), Brugnone (4), Santorini (5), Meckel, Home (6), Blundell (7) et d'autres, assurent aussi avoir découvert des
corps jaunes sur des filles vierges. Buffon (8), lui-
même, admet avec raison que ces *corpora lutea* ne

---

(1) *Istoria della generazione dell' uomo e degli animali.* Venise,
1721.

(2) *Opera omnia.* Londres, 1686.

(3) *De glandulæ ovarii corporibus luteis.* Dans Misc. Taur.

(4) *De ovariis eorumque corporibus luteis.* Mém. de Turin, 1790.

(5) *Observationes anatomicæ.* Venise, 1724.

(6) *On corpora lutea.* Philosophical transactions, 1819.

(7) *Researches physiological and pathological.*

(8) Histoire générale et particulière. Paris, 1769 Tome III, p. 197.

sont pas, comme l'avait pensé de Graaf (1), un effet de la fécondation. Cruikshank (2) fit aussi des remarques qui viennent à l'appui de cette assertion, et depuis les recherches importantes de MM. Ev. Home, Baër (3) et Plagge (4), il est parfaitement établi pour le monde savant que l'ovule est formé avant la fécondation, et qu'il existe des corps jaunes sur l'ovaire sans que celle-ci ait eu lieu. Ev. Home rapporte avoir découvert deux sortes de corps jaunes sur des femmes enceintes: les uns qui étaient le produit de l'ovule expulsé et qui avait été fécondé, et les autres qui semblaient préparés pour une grossesse future et qui n'étaient que des vésicules de Graaf plus développées. M. Brachet (5) et M. Velpeau (6) ont aussi observé des corps jaunes sur des filles vierges, et nous-même, comme nous l'avons dit, nous avons également découvert de ces corps sur plusieurs de celles-ci et sur des animaux dans de semblables conditions.

Contre tant de preuves il ne nous semble pas possible d'opposer aucun argument plausible ; et cependant, qui le croirait, on a osé braver impunément l'autorité des faits, on a osé annuler les observations de tant d'imposantes autorités, en admettant inconséquemment une difficulté de plus dans la démonstration du phénomène de la génération, et cela dans l'unique but d'expliquer plus facilement l'anomalie des gros-

---

(1) *De mulierum organis generatione inservientibus.* Leyde, 1772.
(2) Philosophical transactions, année 1797.
(3) *De ovi mammalium et hominis genesi.*
(4) Journal complémentaire du Dictionnaire des sciences médicales. Tome xv.
(5) Physiologie.
(6) Traité complet de l'art des accouchements. Tome 1, p. 148.

sesses extra-utérines, dont la théorie restait inexplicable et embarrassait les physiologistes !

Il est vrai que de Graaf, Morgagni et Haller disent que les corps jaunes n'existent que chez les femelles qui ont conçu : mais, en saine philosophie, on ne peut nier une observation par cela même qu'elle a échappé à certains savants, et il est rationnel de croire ceux qui ont découvert et vu les choses : c'est irrécusable.

Si quelques physiologistes, n'ayant pas été servis par les circonstances, n'ont point aperçu ces corps jaunes sur les Mammifères vierges, il n'en est pas moins impossible aujourd'hui d'en nier l'existence, puisqu'elle est attestée par tant de savants célèbres, et que les noms de Malpighi, de Santorini, de Vallisnéri, de Bertrandi, de Brugnone, de Buffon, de Home, de Meckel, de Blundell, et de MM. Baër, Plagge, Brachet et Velpeau, s'unissent pour en certifier la présence. Ainsi donc évidemment, puisqu'il existe des *corpora lutea* chez les femmes et les Mammifères vierges, il se produit des œufs sans le concours de la fécondation , et ceux-ci sont spontanément expulsés des ovaires: c'est un fait acquis et qui nous paraît se dérober à tous les sophismes qui pourraient lui être opposés pour en contester la validité.

Comme le disent beaucoup de physiologistes et en particulier Le Pelletier (1), pour les animaux que l'on peut soumettre à des expériences répétées les auteurs ne sont nullement d'accord sur le moment précis où l'ovule fécondé descend dans l'utérus ; cela est facile à expliquer, et est dû à ce qu'ils ont cherché à fixer des

_____

(1) Physiologie médicale et philosophique. Tome IV, p. 336

rapports qui n'existent nullement entre la fécondation et l'émission de cet ovule et qu'ils ont naturellement trouvé celui-ci dans son appareil éducateur plus ou moins de temps après la fécondation, ce qui était tout naturel.

De Graaf dit avoir reconnu dans ses expériences sur divers mammifères, que six heures après la copulation les enveloppes des ovaires sont injectées, et que soixante-douze heures après cet acte plusieurs ovules du volume d'un grain de moutarde sont descendus dans les trompes et les cornes utérines. Ses expériences répétées par Nuck, Duverney, Cruikshank ont donné des résultats analogues.

Haller, sur des brebis, observa qu'il existait une marche plus rapide dans la succession des phénomènes, et qu'après trente minutes un ovule faisait saillie sur la convexité de l'ovaire ; puis, qu'une heure après il existait une vésicule rompue et saignante.

MM. Prévost et Dumas, en opérant sur des chiens, reconnurent que ce n'était que six ou huit jours après l'acte génital que l'ovule descendait dans l'utérus.

La dissidence qui règne dans ces observations et qui ne peut être en rapport avec les espèces (car on ne peut pas admettre que les ovules tombent sur la brebis à une époque si rapprochée du coït et chez le chien après seulement huit jours) prouve que les observations de ces divers savants n'étaient nullement rigoureuses. Ce n'est pas que je nie que les expérimentateurs aient vu des ovules à l'époque qu'ils assignent, c'est possible. Mais ceux-ci n'étaient point le résultat du rapprochement sexuel, et l'on ne doit évidemment les considérer que comme des ovules qui avaient été émis spontanément par les ovaires durant le rut et dont la chute avait ou précédé, ou accompagné, ou suivi l'accouplement, mais dont l'apparition dans les trompes ou l'utérus à une époque plus ou moins rapprochée de celui-ci n'avait point été déterminée par lui. D'ailleurs pour ceux qui étudient scrupuleusement et comparativement les œuvres des physiologistes, l'immense contradiction que l'on remarque dans les données fournies par les expérimentateurs qui ont prétendu que la fécondation déterminait l'émission des ovules et qui ont tracé la marche de ceux-ci, suffirait seule pour anéantir toute la confiance que pourraient entraîner leurs expériences si on les connaissait incomplétement. En effet pas un, à l'exception de ceux qui ont servilement copié les autres en prétendant avoir répété leurs travaux, ne s'accorde sur l'époque à laquelle l'œuf des Mammifères arrive dans les trompes ou l'utérus.

Nous croyons avoir assez insisté sur la démonstration de cette loi pour ne laisser aucun doute dans l'esprit des savants. Du reste nous sommes loin de prétendre être le premier qui l'ayons formulée, car elle a déjà été fort bien énoncée par M. Ollivier (d'Angers); ce médecin, en traitant du développement et de la chute des œufs, dit textuellement : « Il est donc bien certain que la formation de l'œuf dans l'ovaire précède la fécondation. » Et plus loin, en parlant de la formation des corps jaunes, il ajoute : « Ces phénomènes ont lieu soit qu'il y ait ou non fécondation, de sorte qu'on doit les considérer non comme un effet, mais bien comme une condition de la fécondation (1). »

En résumant succinctement tout ce qui précède, il

_____

(1) Dictionnaire de médecine. Tome xv, pages 292 et 293.

devient, selon nous, évident et incontestable, qu'en nous appuyant, tour à tour, sur l'autorité des savants les plus recommandables et même des hommes les plus illustres, tels que Malpighi, Vallisnéri, Bertrandi, Brugnone, Santorini, Spallanzani, Buffon, Ev. Home, Cuvier, et que MM. Baër, Plagge, Blundell, Valentin, Ollivier, Brachet, Coste, Prévost, Dumas, Velpeau, etc., etc., nous avons successivement établi :

1° Que chez tous les animaux, sans exception, la génération se produit à l'aide d'œufs ;

2° Que ceux-ci préexistent à la fécondation ;

3° Que dans l'immense majorité des animaux les œufs sont expulsés des ovaires sans l'influence de la fécondation, et que par conséquent chez ceux où le phénomène n'est pas appréciable il doit suivre les mêmes lois;

4° Que dans les Mammifères eux-mêmes cela ne peut être contesté puisque l'on découvre des œufs sur des individus vierges et qu'en outre on y observe des corps jaunes;

Et enfin, 5° que la femme subit les mêmes lois puisque l'on découvre aussi des ovules et des corps jaunes chez des vierges.

Car, comme ceux-ci sont des indices irrévocables de la production et de l'émission des œufs, ces derniers se développent donc dans l'ovaire et ils en sont expulsés sans le concours de la fécondation. C'est encore là un fait irrévocablement acquis par la force de la dialectique et par celle encore plus puissante de l'observation et de l'expérience. Celui-ci devait d'autant plus être rendu évident par toutes les autorités qu'il va s'enchaîner avec les faits qui précèdent et ceux qui suivent, pour nous permettre enfin de poser la théorie rationnelle du phénomène de la fécondation.

VIᴱ LOI FONDAMENTALE.

Dans tous les animaux les ovules sont émis à des époques déterminées en rapport avec la surexcitation périodique des organes génitaux.

A certaines époques fixes et déterminées, mais qui se répètent plus ou moins fréquemment suivant les espèces et les circonstances dans lesquelles elles se trouvent, on sait qu'il se manifeste dans les organes sexuels des animaux une surexcitation vitale, ou espèce de crue périodique, comme l'appelle M. Geoffroy-Saint-Hilaire (1), pendant laquelle le sang afflue dans les ovaires, et y excite un certain mouvement expansif durant lequel il se développe un plus ou moins grand nombre d'ovules qui tombent successivement après leur apparition.

Aucun savant, je pense, n'a jamais contesté que dans les animaux invertébrés, dans les Poissons, les Batraciens, les Reptiles et les Oiseaux, les œufs fussent ainsi élaborés à des époques fixes ; le phénomène est trop évident pour qu'il soit possible de le nier.

Chez les Mammifères, quoiqu'on ne connût pas encore avec précision la fonction des ovaires, on considérait aussi comme évident que la procréation ne se produisait qu'à des époques déterminées, et les naturalistes ont même indiqué celles qui sont propres aux espèces dont les mœurs nous sont plus connues.

(1) Anatomie philosophique. Paris, 1822. P. 39.

Relativement à ces dernières et aux Oiseaux, on remarqua cependant que l'émission du produit de la fécondation pouvait se répéter beaucoup plus fréquemment lorsqu'ils se trouvaient dans l'état de domesticité ; mais il ne faut pas inférer de là qu'il y ait continuité d'action dans les ovaires. Certainement les influences du régime et de l'abri que ces animaux trouvent dans nos demeures peuvent déterminer les Poules à émettre des œufs presque tous les jours, et certains Mammifères à offrir des portées beaucoup plus multipliées que durant le cours de la vie sauvage; mais ce ne sont là que des aberrations qui permettent à l'ovaire de fonctionner plus longuement ou de répéter son action un plus grand nombre de fois dans un espace de temps donné. La meilleure Poule se repose pendant les temps froids ; les Mammifères domestiques que l'on soumet à l'accouplement l'endurent souvent en vain, parce que, quoique chez eux les phénomènes du rut se reproduisent plus fréquemment que chez ceux qui vivent librement, comme, faute d'une observation attentive, on n'a pas saisi le moment où ils ont lieu, on s'est imaginé à tort que toutes les époques étaient bonnes pour opérer le rapprochement. C'est ce principe qui, ayant été inconsidérément répandu dans les campagnes, est la cause que des fermiers inhabiles font saillir si souvent en vain leurs races domestiques.

La seule différence qu'il y a donc entre la production des œufs chez les Mammifères domestiques et dans ceux qui sont sauvages, c'est que sur les premiers ils se forment et sont émis à des époques plus rapprochées. Mais il n'en existe pas moins chez eux une intermittence marquée dans l'émission du produit des ovaires, et cet acte n'en est pas moins caractérisé par une période de rut ; seulement celle-ci semble perdre de son intensité à mesure qu'elle se répète annuellement plus souvent, ou en raison directe de sa fréquence.

Buffon fait remarquer (1) que le Lapin peut, en quelque sorte, se reproduire en tout temps ; mais cela indique simplement que chez celui-ci les périodes du rut, c'est-à-dire les moments où se fait l'émission des ovules, se répètent très-fréquemment. Car on sait fort bien que ces animaux ne s'accouplent pas dans toutes les saisons, et qu'en vain on essayerait de les unir, lorsqu'ils ne se trouvent point dans l'une des époques assignées par la nature.

L'époque à laquelle les Mammifères émettent leurs œufs se traduit à l'extérieur par des phénomènes spéciaux, et surtout par une turgescence des organes génitaux, qui tantôt se borne au simple gonflement des parties, et tantôt s'accompagne, comme on l'observe chez beaucoup de Mammifères, d'une émission sanguine plus ou moins considérable, émission qui, ainsi que nous le verrons plus loin, correspond toujours au même phénomène, soit qu'il y ait ou non une tendance excessive d'un sexe vers l'autre (2).

Si l'observation nous démontre que les œufs sont incontestablement produits à des époques fixes dans tous les animaux invertébrés et vertébrés, puisque chez eux de nouvelles générations apparaissent constamment après des périodes régulières et invariables ; si cela est admis pour toute la série zoologique, et qu'on ne puisse le contester même à l'égard des Mam-

(1) Histoire naturelle générale et particulière. Tome VII, p. 123
(2) Voyez la VIIIe loi.

mifères à l'état sauvage, il devient évident que l'aberration que l'on observe sur ceux de ces derniers qui vivent dans nos demeures, ne provient que de la nouvelle condition dans laquelle ils se trouvent : car une observation attentive nous démontre que chez eux il y a également des phases d'excitation, et que c'est durant celles-ci seulement que les ovules sont produits et que la fécondation est possible.

La condition de l'espèce humaine rentre tout à fait dans cette dernière catégorie, et si les périodes où la reproduction est possible sont très-fréquentes chez la femme, cela tient manifestement aux douceurs de la vie sociale. Mais cependant on peut suivre sur elle la trace de ces périodes intermittentes, et en déterminer l'époque avec précision, comme dans toute la série zoologique.

Ainsi donc, comme c'est un fait acquis que, dans tous les animaux à l'état sauvage, les œufs sont émis à des époques déterminées, et en rapport avec la surexcitation périodique des organes sexuels, on ne peut se refuser à admettre la même loi pour les Mammifères domestiques et l'espèce humaine.

VIIE LOI FONDAMENTALE.

Dans les Mammifères la fécondation n'a jamais lieu que lorsque l'émission des ovules coïncide avec la présence du fluide séminal.

Cette loi est une conséquence logique de celles qui précèdent. En effet, si, comme nous l'avons démontré, les œufs, dans toute la série animale, préexistent à la fécondation ; si, comme nous l'avons également prouvé, ils sont émis indépendamment de celle-ci et à des époques déterminées ; et si, enfin, il est bien reconnu que chez les Mammifères des obstacles physiques s'opposent à ce que le fluide séminal puisse être mis en contact avec les ovules encore contenus dans leur organe sécréteur ; si, dis-je, toutes ces propositions sont bien établies, il devient naturellement évident que l'imprégnation, chez ces derniers animaux, ne peut jamais avoir lieu que quand l'émission de l'œuf coïncide avec la présence du fluide qui doit l'aviver ; c'est-à-dire lorsque cet œuf, dépouillé des tuniques sous la protection desquelles il s'était formé dans l'ovaire, s'avance libre dans les voies génitales, et qu'alors il y rencontre le fluide prolifique.

Si le fluide séminal déterminait l'évolution des ovules, la fécondation des animaux pourrait s'opérer en tout temps, puisqu'à toutes les époques le fluide pourrait aviver les ovaires et exciter leur sécrétion ; mais il n'en est nullement ainsi. Ce n'est qu'à l'époque marquée par la nature, et qui s'annonce à l'aide de

phénomènes spéciaux, que la fécondation peut s'opérer;
hors cette époque on aurait beau arroser les ovaires
avec la liqueur prolifique, rien n'y apparaîtrait : c'est
là une loi qui domine toute la création. C'est pour
cette raison que l'on accouple en vain les Mammifères
hors les temps du rut, parce que c'est seulement durant
ce moment d'effervescence génitale que se produisent
normalement les ovules; et ce n'est qu'alors que, si
ceux-ci éprouvent le contact du fluide qui peut les
aviver, on les voit se développer et produire des embryons.

A moins de vouloir saper tous les faits acquis par
l'observation et l'expérience des siècles, il est actuellement impossible d'admettre que c'est l'action du
fluide séminal qui fait apparaître les ovules dans les
ovaires. Les naturalistes savent que dans toute la série
animale on rencontre des œufs chez les femelles absolument vierges; or, ce n'est que lorsque ceux-ci sont
parvenus à un certain développement, et se trouvent
élevés à certaine condition vitale, que l'imprégnation
séminale peut les aviver et leur communiquer l'impulsion extensive qui transforme le vitellus en embryon.

Or, puisque pour s'effectuer l'imprégnation nécessite
un certain perfectionnement organique de l'ovule, et
que le fluide vivifiant ne peut, chez les Mammifères,
parvenir à ceux qui sont encore contenus dans l'ovaire,
n'est-il pas rationnel d'admettre que ce n'est que
lorsque l'ovule s'est débarrassé de ses enveloppes ovariennes qu'il peut être fécondé, et que son imprégnation
ne peut nécessairement avoir lieu que lorsque l'époque
à laquelle s'opère son émission coïncide avec le contact du fluide séminal.

Ce mode d'action, qu'on devrait admettre forcément d'après les seuls arguments de la logique, est déjà mis hors de doute par le bienfait de l'observation et de l'expérience. En effet, chez un grand nombre d'animaux (tels sont la plupart des Poissons osseux et des Amphibiens), les œufs ne sont évidemment fécondés qu'après avoir été détachés de l'ovaire, et même parfois plus ou moins immédiatement après leur expulsion du corps de la femelle.

Pour s'effectuer, l'acte de la fécondation nécessite même si positivement un état donné d'accroissement des ovules que dans leurs expériences fondamentales sur les Grenouilles, MM. Prévost et Dumas, qui fécondaient parfaitement bien des œufs hors des voies génitales, n'ont jamais pu réussir à en aviver lorsqu'ils les prenaient à l'ovaire (1). Il est évident qu'il ne doit et ne peut en être autrement sur les Mammifères, et que pour que leurs ovules reçoivent l'imprégnation, il faut que ceux-ci aient aussi acquis un certain développement et qu'ils se soient débarrassés des membranes et des fluides qui les environnaient lorsqu'ils se trouvaient dans l'organe auquel ils doivent naissance, et qui naturellement interceptaient tout contact avec la liqueur prolifique.

Quelques savants combattront probablement mes vues en m'opposant les expériences de de Graaf et de Haller, dans lesquelles, après un certain laps de temps à la suite de l'accouplement, ces observateurs ont trouvé des œufs dans les voies génitales des Mammifères sur lesquels ils opéraient. Mais si l'on y réfléchit,

(1) Mémoires publiés dans les Annales des sciences naturelles. Tom. i, ii et iii.

on verra que ces expériences ne démontrent rien de contraire à ce que j'indique et qu'elles contribuent même à prouver le principe consacré dans cette loi. Certes il n'y a rien que de bien naturel, qu'après un certain temps que l'accouplement d'une femelle de Mammifère a eu lieu dans la période où seulement elle souffre cet acte, c'est-à-dire durant le rut, époque à laquelle les ovules sont normalement expulsés des ovaires, il n'y a rien, dis-je, que de bien naturel de rencontrer des œufs ou des embryons dans le canal génital. Mais assurément ce n'est pas la copulation qui a déterminé la production ou l'émission de ces œufs ; seulement, par cet acte qui s'opérait simultanément avec leur expulsion, ceux-ci ont été fécondés. Bien mieux, les expériences des physiologistes combattent évidemment la nature des résultats qu'on leur a attribués et viennent démontrer la justesse de nos assertions. En effet, quand on compulse leurs écrits, on s'aperçoit qu'il y existe d'inexplicables dissidences relativement à l'époque à laquelle les œufs arrivent dans l'utérus après l'accouplement ; et cela n'est pas étonnant, celui-ci n'ayant point l'action qu'on lui prête d'en déterminer l'émission, et n'ayant aucun rapport intime avec cet acte qu'il contribue tout au plus à accélérer un peu comme un simple stimulant.

En suivant ce qui doit se produire dans la fécondation normale, on voit que trois cas peuvent se présenter lorsque deux Mammifères s'accouplent à l'époque du rut : ou leur union se fait un certain temps avant la chute spontanée des œufs, ou elle a lieu à l'époque même de leur émission, ou enfin elle se fait après qu'ils sont expulsés.

Dans la première circonstance, si le fluide séminal

n'a pas été versé dans les organes génitaux un laps de temps trop considérable avant que les œufs émis par l'ovaire traversent les voies génitales, comme celles-ci s'imprègnent de ce fluide avec beaucoup de ténacité, puis qu'il conserve à leur surface sa propriété fécondante, et comme il n'en faut qu'infiniment peu pour aviver les œufs, il arrive que, lorsqu'ils viennent à passer ils peuvent être fécondés si le fluide vivifiant ne s'est pas trop étendu en se mêlant aux mucosités sans cesse sécrétées à la surface des membranes de l'appareil sexuel.

Si l'union sexuelle a lieu au moment de l'émission des œufs ou très-peu de temps avant elle, la fécondation est alors considérablement plus assurée.

Enfin, si on ne rapproche les animaux qu'après cette période de l'époque du rut à laquelle les ovaires ont émis leurs ovules il n'en résultera jamais de fécondation.

Or, comme sur les bestiaux il est facile d'indiquer toutes les phases qui accompagnent la période d'excitation sexuelle, avec quelque étude, on pourra un jour trouver pour l'agriculture d'importantes applications qui découleront de la connaissance de cette loi. Celle-ci étant bien comprise par les éleveurs de bestiaux, elle pourra, à l'aide de quelques observations préalables, les guider dans la multiplication des haras et des troupeaux, ainsi que dans le croisement des races précieuses, qu'elle permettra de féconder avec plus de certitude et en les épuisant moins.

Dans un ouvrage de cette nature nous ne pouvons nous dispenser de mentionner quelques faits qui tendent à faire croire qu'une seule fécondation peut parfois suffire pour aviver les œufs de plusieurs générations. Bonnet (1) et de Géer (2), ainsi que M. Duvau (3) qui a récemment répété leurs expériences, prétendent qu'une femelle de Puceron après s'être accouplée donne une dizaine de générations qui se succèdent sans avoir besoin d'une nouvelle fécondation. On lit même dans le magasin d'entomologie de Germar (4), que des *aphis dianthi*, renfermés dans une serre chaude s'y propagèrent pendant quatre années, sans que durant ce long intervalle il y eût aucun accouplement. Ces faits sont tout à fait hors ligne et on en est réduit à se demander si les observations ont été faites avec le soin que les savants ont assuré y avoir mis, et si elles ont été répétées consciencieusement. Bonnet, qui marche à la tête des ovologistes, n'aura-t-il pas été entraîné à être peu scrupuleux à l'égard d'expériences qui tendaient à soutenir si prodigieusement son système favori, l'emboîtement des germes? Dans le cas où le fait serait positif ne pourrait-on pas croire, comme Dugès (5) paraît porté à l'admettre, que chez ces animaux il y aurait outre l'appareil du sexe féminin un organe sécréteur du sperme. Depuis longtemps je proteste cette opinion. Qu'y aurait-il là d'extraordinaire? Les physiologistes qui cultivent la science d'une manière élevée ne savent-ils pas que dans des animaux d'une organisation beaucoup supérieure et même sur des vertébrés, ce phénomène se présente assez fréquemment? Cavolini, Sir Ev. Home, et surtout

---

(1) Traité d'insectologie, 1re partie.
(2) Mémoires, etc. Tome III, p. 36-77.
(3) Mémoires du Muséum d'histoire naturelle. Tome XIII, p. 126.
(4) *Germar's Magazin der entomologie.* Tome I, p. 2.
(5) Traité de physiologie comparée de l'homme et des animaux. Paris, 1839. Tome III, p. 291.

M. I. Geoffroy-Saint-Hilaire (1), citent des exemples de Poissons qui souvent offrent un ovaire d'un côté et un testicule de l'autre de manière qu'ils sont réellement hermaphrodites. D'ailleurs, Dugès (2), a cru reconnaître des rudiments de testicules chez les insectes qui viennent d'être cités, ce qui éclairerait la question.

Comment par exemple admettre que l'observation faite dans les serres peut être significative? N'y avait-il pas des mâles cachés sur quelques plantes et qui s'étaient dérobés à l'inspection des observateurs? A-t-on séquestré efficacement les femelles? Certainement non. On dit aussi que parmi les œufs des Lépidoptères nocturnes que l'on obtient fréquemment de Chenilles il s'en trouve parfois de féconds (3); ce fait rentre dans la même catégorie que les précédents; mais il est encore plus extraordinaire! Du reste ces remarques ne peuvent influencer la direction du sujet que je traite, ces animaux étant trop éloignés des Mammifères.

---

(1) Traité de Tératologie. Paris, 1832- 836.
(2) *Oper. cit.*
(3) Lacordaire. Introduction à l'entomologie. Paris, 1838. T. II, p. 281.

VIIIE LOI FONDAMENTALE.

L'émission du flux cataménial de la femme correspond aux phénomènes d'excitation qui se manifestent à l'époque des amours, chez les divers êtres de la série zoologique, et spécialement sur les femelles des Mammifères.

Une comparaison attentive de tous les phénomènes qui accompagnent la menstruation de la femme avec ceux qui s'observent aux époques des amours des divers êtres de la série zoologique, démontre qu'il y a une parfaite identité entre eux. Celle-ci se décèle même si manifestement sur les Mammifères qui, par leur organisation, se rapprochent le plus de notre espèce, qu'il devient tout à fait impossible de la nier ; en effet, chez eux les phénomènes qui caractérisent l'époque du rut représentent exactement une menstruation dont l'écoulement sanguin est plus ou moins abondant, et s'offre tantôt sous l'aspect d'un sang rouge et rutilant, et tantôt simplement sous celui d'un liquide plus ou moins coloré. Les Mammifères qui suivent les premiers types, et qui par conséquent s'éloignent de plus en plus de la structure humaine, présentent aussi des indices analogues ; mais, chez eux, au lieu d'un liquide que sa couleur rousse indique contenir encore une certaine quantité de sang, on n'observe plus que l'émission d'un mucus abondant, dont la présence décèle seule l'excitation interne qu'éprouvent les organes sexuels, et qui ne s'est pas élevée au point d'admettre une perspiration sanguine.

Ainsi vient se manifester, dans toutes ses nuances, cette loi que nous posons nettement et sans hésitation, mais que Dugès (1) semble avoir entrevue, « car, dit-il, on trouve une *grande analogie* entre les phénomènes d'orgasme momentané que l'on observe chez les animaux et ceux de la menstruation chez les femmes. » Avec un peu plus de hardiesse ce physiologiste posait un principe stable. Au moment du rut des animaux, il se manifeste des indices d'excitation dans presque tout le système génital ; chez la femme, les époques répétées de la menstruation, qui le représentent, sont aussi précédées de symptômes pareils, de pesanteur et même de douleur dans les organes internes ; mais l'hémorrhagie, qui bientôt s'établit, les calme rapidement. Les Mammifères offrent souvent une turgescence plus grande, qui s'étend même parfois aux organes extérieurs, et dont, suivant Burdach (2), l'intensité est due à la répétition moins fréquente du phénomène physiologique, et peut-être aussi à ce que ces animaux ont des tissus moins délicats qui ne donnent point ordinairement issue au sang.

Il est certain que l'époque du rut est, pour tous les Mammifères, une période de surexcitation, pendant laquelle les organes génitaux acquièrent un accroissement insolite. Sur les femelles les ovaires, les trompes de Fallope et l'utérus se tuméfient, puis le sang afflue

(1) Traité de physiologie comparée de l'homme et des animaux. Paris, 1838. Tome III, p. 358.
(2) Traité de physiologie considérée comme science d'observation. Tome II, p. 20.

dans tout l'appareil sexuel et y occasionne la turgescence manifeste qui prélude à l'harmonie nécessaire pour l'accomplissement d'un important phénomène. Appelé à fournir à l'œuf les éléments de sa nutrition , il fallait que l'utérus présentât les conditions indispensables au développement du premier, et qu'il s'établît une modalité indispensable entre la matrice et le produit des ovaires, qu'elle est destinée à nourrir, modalité sans laquelle celui-ci ne pourrait accomplir son évolution.

Beaucoup d'observateurs, il est vrai, ont reconnu l'analogie qui existe entre les phénomènes de la menstruation de la femme et ceux qui se manifestent à l'époque des amours des Mammifères ; aussi, comme sur la première ainsi que sur les autres, il se développe alors une effervescence sanguine vers les organes internes, le célèbre Lecat désignait-il, avec raison, la période menstruelle , sous le nom de *phlogose amoureuse*, et Robert Emett (1) sous celui d'*érection*. Déjà Mauriceau (2) avait signalé que, durant les jours qui précédent l'écoulement des menstrues, l'utérus de la femme entre dans un véritable état de turgescence ; ce célèbre accoucheur avait pu apprécier celui-ci sur les cadavres ; il est même facile de le faire sur le vivant et de reconnaître qu'alors le museau de tanche est plus rouge et plus chaud que dans l'état normal. M. Desormeaux (3), dont l'autorité ne peut être révoquée, l'avance sans balancer, et le docteur Targioni dit

---

(1) Essais de médecine sur le flux menstruel.
(2) Traité des maladies des femmes grosses et de celles qui sont accouchées. Paris, 1668.
(3) Dictionnaire de médecine. Paris, 1826. Tome xiv, p. 185.

qu'à cette époque les ovaires eux-mêmes sont gonflés.
Ainsi donc la période menstruelle et l'époque des
amours des Mammifères sont exactement identiques.

L'écoulement sanguin est tellement dépendant des
habitudes et du climat, qu'on ne peut le considérer
comme étant un phénomène particulier à la femme,
et qui indique que chez elle les fonctions de l'appareil
génital ont un mode d'action spécial. En effet, d'après
les voyageurs, et comme le dit M. Maygrier (1), on
observe que, parmi les peuples qui habitent sous l'é-
quateur, ou chez ceux qui résident vers le pôle sep-
tentrional, il apparaît à peine des traces de sang aux
époques menstruelles. Ainsi donc, cette période se
présente sur quelques femmes avec la même simplicité
qu'elle affecte chez certains Mammifères. L'amoindris-
sement du phénomène devient encore plus manifeste
chez plusieurs nations sauvages du Brésil, qui, à ce
que rapporte Buffon (2), se perpétuent, dit-on, sans
qu'aucune femme ait d'écoulement périodique.

D'après cela, l'absence d'un écoulement sanguin
par les parties génitales ne pourrait être considérée
comme établissant une différence physiologique fondamentale entre les Mammifères et l'espèce humaine,
puisque si, chez cette dernière, on observe généralement cet écoulement, on le voit cependant successivement s'amoindrir à mesure qu'on s'avance vers les
climats où règne une température extrême, et même
parfois, si on doit croire l'assertion de Buffon, comme
nous l'avons dit, manquer totalement. D'un autre côté,

---

(1) Dictionnaire des sciences médicales. Tome xxxii, p. 386.
(2) Histoire naturelle générale et particulière. Tome iv, p. 268.

comme si la nature avait voulu elle-même exprimer
tous les points de contact qui existent entre notre espèce et les animaux les plus élevés, chez beaucoup de
ceux-ci elle a reproduit avec plus ou moins d'évidence
le phénomène de la menstruation. Il est certain que
l'on en observe évidemment toutes les phases sur un
grand nombre de quadrumanes, qui sont les Mammifères qui se rapprochent le plus de notre espèce ; et qu'on
en découvre même encore des traces sur des animaux
de cette classe, possédant une organisation moins élevée que ceux de l'ordre que nous venons de citer.
Buffon (1) avait déjà signalé, sans hésitation, qu'il
existait un écoulement périodique chez les femelles
des grands Singes; et F. Cuvier (2) rapporte même
avoir observé cet écoulement sur plusieurs de celles
qui ont vécu à la ménagerie du Jardin du Roi. Burdach (3) atteste qu'il existe chez les Mandrills et les
Macaques ; et Geoffroy-Saint-Hilaire (4), en générali-
sant cette assertion, avance même que tous les Singes
de l'ancien continent présentent le phénomène de la
menstruation. Il est également facile de démontrer que
celui-ci existe chez certains Mammifères, qui se trouvent placés à des échelons plus inférieurs de la série
animale ; F. Cuvier l'a observé sur plusieurs carnassiers, et entre autres sur des Genettes ; je l'ai moi-même
reconnu sur des Chiennes, et chez celles-ci il se tradui-

---

(1) Histoire naturelle générale et particulière. Paris, 1770.
Tome xii, p. 44.
(2) Histoire naturelle des Mammifères, publiée de concert avec
Geoffroy-Saint-Hilaire. Paris, 1825.
(3) Traité de physiologie considérée comme science d'observation. Paris, 1831. Tome ii, p. 20.
(4) Cours sur l'histoire naturelle des Mammifères. Paris, 1829.

sait par l'écoulement d'un liquide d'un rouge brun ,
dont l'émission précédait la manifestation du rut.
MM. Lesson et Garnot ont aussi observé que les
Roussettes étaient sujettes au flux menstruel , et
M. Isidore Geoffroy-Saint-Hilaire (1) dit que celui-ci
revient périodiquement chez elles, et qu'il détermine
l'apparition du rut.

La fréquence du retour périodique de la menstruation n'est pas même un fait particulier à la femme, et
qui puisse faire croire que ce phénomène n'est pas
identique à ceux que l'on observe à l'époque des
amours des Mammifères. La domesticité opère de
tels changements sur la physiologie de l'appareil génital, que , sous son influence , l'on observe que , les
actes de celui-ci tendent constamment à se répéter
beaucoup plus fréquemment. Ainsi que le professe
M. Flourens (2), les animaux qui ne sont pas détournés
par le besoin impérieux de pourvoir à leur conservation,
s'accouplent presque en tout temps ; et , comme le dit
Burdach (3), l'époque du rut est déterminée avec moins
de précision chez les espèces domestiques , à cause des
perturbations introduites dans l'économie par les conditions nouvelles qui la régissent.

Sur beaucoup d'Oiseaux et de Mammifères le rut se
manifeste même périodiquement à des époques fort
rapprochées.

(1) Dictionnaire classique d'histoire naturelle. Paris, 1830. T. x,
p. 117.

(2) Cours sur la génération , l'ovologie et l'embryologie, fait au
muséum d'histoire naturelle de Paris. Recueilli par M. Deschamps.
Paris, 1836, p. 44.

(3) Traité de physiologie considérée comme science d'observation. Paris, 1837. Tome ii, p. 35.

Le Biset sauvage ne produit qu'une ou deux fois chaque année ; les naturalistes sont unanimes à cet égard, tandis que les variétés que nous donne cette espèce, par l'influence des soins, ainsi qu'Aristote (1) l'avait déjà observé, et que Buffon (2) et Blumenbach (3) le constatent eux-mêmes, produisent annuellement une dizaine de fois. Les Brebis non fécondées deviennent en chaleur tous les quinze jours (4) ; les Truies tous les quinze à dix-huit jours ; les Vaches tous les mois ; une périodicité mensuelle semble aussi exister chez les Chevaux, les Buffles, les Zèbres et les Singes (5).

Toutes ces preuves, étayées par l'autorité des noms des plus savants naturalistes, imposent un tel ascendant à nos assertions, que nous pensons devoir considérer l'existence de la période menstruelle comme étant démontrée chez beaucoup de Mammifères. Puis, il devient incontestable aussi, que si l'on en voit successivement disparaître les traces chez ces animaux à mesure que l'on s'avance vers les ordres dont l'organisation est inférieure, quoique l'apparence manque extérieurement, le phénomène fondamental n'en existe pas moins, c'est-à-dire l'afflux du sang dans les organes génitaux internes ; afflux qui chez la femme se traduit ordinairement par un écoulement abondant, mais qui dans les Mammifères est toujours moindre que sur celle-ci, et souvent ne se trouve représenté que par un liquide sanguinolent ou même seulement par un

---

(1) *Historia animalium*. Lib. vi, cap. iv.
(2) Histoire naturelle des oiseaux. Tome ii, p. 5oi, in-4°.
(3) Manuel d'histoire naturelle. Tome i, p. 243.
(4) *Observationes quædam circa negotium generationis*, p. 13.
(5) Burdach, *Oper. cit.* Tome ii, pages 38 et 39.

mucus abondant à peine teint en rouge ou tout à fait incolore.

D'un autre côté, comme les phénomènes menstruels que l'on observe chez les Mammifères, sont essentiellement liés à ceux du rut, il faut bien en conclure que celui-ci correspond à la menstruation et *vice versâ*. On ne peut sans inconséquence sortir de cette voie.

Nonobstant toutes ces preuves, et la déduction logique que l'on devait en tirer, M. Desormeaux (1) nie qu'il existe un flux sanguin chez les Mammifères à l'époque du rut, et dit qu'alors on observe seulement sur plusieurs d'entre eux un écoulement d'un fluide sanguinolent. Les naturalistes n'ont pas admis autre chose; mais c'est à tort que M. Desormeaux cesse de comparer ce fluide à celui qui est émis par les femmes; cette phase chez les Mammifères n'est que la traduction amoindrie de ce qui se passe sur celles-ci, mais ce n'en est pas moins essentiellement le même phénomène.

M. Velpeau (2), qui jouit d'une célébrité méritée, conteste aussi quelques-unes des opinions précitées; il nie que les femmes du pôle Arctique et du Brésil soient exemptes de la menstruation. Je veux bien le croire; mais il sort évidemment des lois de l'analogie lorsqu'après avoir admis le flux cataménial chez les grands Singes et les Chauves-Souris, il le conteste aux autres Mammifères, en disant qu'il serait peu rationnel de comparer les glaires colorées qui coulent de la vulve à l'époque de leur accouplement aux phénomènes menstruels. Cela est un tort; la voix de tant d'obser-

---

(1) Dictionnaire de médecine. Paris, 1825 Tome xiv, p. 176.
(2) Traité complet de l'art des accouchements. Tome i, p. 116.

valeurs celèbres vient appuyer notre opinion avec une
telle puissance qu'elle la rend incontestable.

L'identité entre la menstruation de la femme et l'é-
poque des amours des Mammifères étant admise, il en
résulte que, comme c'est à cette époque seule que la
fécondation est possible chez ceux-ci, ainsi que cela
est surabondamment prouvé, la menstruation doit
donc être considérée comme l'indicateur mensuel qui
permet de pénétrer dans l'étude des possibilités génératrices.

Quoiqu'il soit inutile pour notre sujet d'établir si
la menstruation a ou non existé de tout temps chez la
femme, nous dirons cependant que nous pensons que
ce phénomène paraît s'être révélé dès les temps primor-
diaux de notre état social, puisque les plus anciennes
annales de l'espèce humaine en font mention.

Dans un ouvrage sur le système physique de la
femme, Roussel (1) prétendit que la menstruation était
due à la civilisation. Nous émettons à peu près la
même opinion, seulement nous pensons que l'état social
n'a pas déterminé l'essence du phénomène, mais qu'il
en a seulement considérablement augmenté la fréquence en le rendant à peu près mensuel.

On a objecté à ceux qui professent cette opinion,
que les femmes hébraïques, comme l'atteste le premier
des écrits (2), étaient sujettes à cette incommodité, et
qu'on l'observe chez les femmes des tribus sauvages.
Cela est vrai, mais ces objections sont sans portée, car
les Juifs jouissaient déjà d'une civilisation très-avan-
cée, ainsi que le révèlent leurs anciennes villes, leurs

(1) Système physique et moral de la femme. Paris, 1813
(2) La Sainte-Bible. Lévitique, chap. xv.

temples, leurs mœurs et leurs lois. Les sauvages, eux-mêmes, qui cultivent des champs de céréales ou s'abritent sous des huttes, et qui ont un langage et vivent en société, quel que soit leur abrutissement intellectuel, ne sont-ils pas déjà à une distance immense des animaux, eux qui continuellement soumis à l'inclémence des saisons, errent dans les forêts et les déserts et vivent sans cesse subjugués par le soin de pourvoir à leur nourriture et à leur sureté! Si, par le bienfait de l'abondance des aliments, nous voyons dans nos habitations certains animaux domestiques éprouver de plus fréquentes ardeurs amoureuses et parfois devenir aptes à la fécondation presque en tout temps, n'est-ce pas déjà le passage à ce qui s'observe sur l'espèce humaine? Et d'ailleurs, comme nous venons de le prouver, ne connaît-on pas beaucoup de Mammifères qui sont plus ou moins réglés?

On ne pourrait objecter que sur les femmes la fréquente répétition du phénomène lui donne une autre valeur physiologique ou une autre direction. En effet M. Velpeau (1) dit que, dans la Laponie et le Groenland, celles-ci ne sont assez souvent réglées que tous les trois mois; et Gardien (2) prétend même que sur les femmes des contrées polaires l'écoulement menstruel n'a lieu que deux ou trois fois l'an. Et comme d'un autre côté il est démontré que, par l'effet de la domestication, le besoin de s'unir devient plus fréquent chez les animaux, et qu'il n'en a pas moins

(1) Traité complet de l'art des accouchements. Tome 1, p. 126.
(2) Traité d'accouchements et de maladies des femmes. Tome 1, p. 233.

les mêmes fins et les mêmes résultats, cette objection
devient donc insoutenable.

Ainsi, d'après ce qui précède, il est rationnel de
conclure que puisqu'il y a une analogie frappante,
incontestable, entre l'organisation de l'appareil sexuel
de l'espèce humaine et des Mammifères, il doit aussi
exister une semblable modalité dans les fonctions de
cet appareil; et comme, d'un autre côté, l'observation
impartiale et sévère des faits démontre qu'il y a une
parfaite identité physique entre les phénomènes de la
menstruation de la femme et ceux qui caractérisent l'é-
poque des amours des Mammifères, il en faut rationnellement conclure qu'il y a aussi entre ces phénomènes
une parfaite identité physiologique, et qu'ils doivent
agir dans une même direction, en préludant à des actes
semblables sur la première comme chez tous les autres.
Or, comme il est plus que suffisamment prouvé que
chez les Mammifères c'est à l'époque de l'excitation
sexuelle que les ovules sont expulsés et qu'en d'autres
temps la fécondation est impossible, il devient également évident que, puisque la période menstruelle de
la femme représente cette excitation, c'est seulement
aussi aux environs de cette période que notre espèce
possède la faculté de se reproduire : c'est ce qui nous
reste à prouver.

IXE LOI FONDAMENTALE.

La fécondation offre un rapport constant avec l'émission des menstrues ; aussi sur l'espèce humaine il est facile de préciser rigoureusement l'époque intermenstruelle où la conception est physiquement impossible et celle où elle peut offrir quelque probabilité.

Si, comme cela est devenu évident, d'après l'autorité de Buffon, de F. Cuvier, de Geoffroy St.-Hilaire, de Burdach, de Garnot, de Lesson, et d'après nos propres observations, il est démontré qu'il y a identité entre la période menstruelle de la femme et les phénomènes qui se manifestent à l'époque des amours des Mammifères ; et si, comme nous le croyons encore, il a aussi été rigoureusement établi que cette époque se traduisait chez ceux des premiers ordres par une véritable menstruation, il devient incontestable que, puisque ces phénomènes sont l'expression de la puissance génératrice et qu'ils en indiquent seuls le travail organique, l'apparition du flux mensuel de la femme a aussi des rapports incontestables, intimes et immédiats avec la faculté d'engendrer. Il nous semble que l'on ne peut s'écarter de ces propositions rationnelles sans méconnaître toutes les lois de la dialectique.

M. Magendie (1) et tous les physiologistes ont entrevu ces rapports.

(1) Précis élémentaire de physiologie. Paris, 1817. Tom. II, p. 416.

Ainsi que l'a formulé Burdach (1) avec une extrême précision : « Comme la menstruation consiste
en une exaltation de l'activité des organes génitaux,
elle apparaît aussi, dit-il, comme signe et condition
de la faculté génératrice chez la femme, et c'est toujours par une exception à la règle, qu'une femme qui
n'a point d'écoulement menstruel jouit de la fécondité.
Sans doute la menstruation est bien plutôt l'effet que
la cause de la faculté génératrice, puisqu'elle n'est que
la manifestation d'une activité vitale dans les organes
dont la fonction ne consiste qu'à procréer ; mais dans
la vie tout effet quelconque réagit sur sa cause, et
chaque force ne se maintient qu'au moyen de ses manifestations. Ainsi la faculté génératrice de la femme
est entretenue par la menstruation, attendu que celle-
ci excite périodiquement la vitalité des organes génitaux ; et comme les vaisseaux des ovaires entrent aussi
en turgescence pendant qu'elle s'accomplit, on peut la
considérer avec Schweighæuser (2) comme *une maturation périodique* de la substance propre à produire le
fruit. »

Toute la théorie rationnelle de la fécondation est
contenue dans ce peu de mots.

La menstruation ne se manifestant que durant le
temps où la femme est apte à engendrer, on en doit
naturellement conclure que cette fonction a évidemment des rapports intimes avec les actes qui s'opèrent
dans les ovaires, et l'émission des œufs qui en est le
produit ; c'est là une conséquence physiologique toute

(1) Traité de physiologie considérée comme science d'observation.
Paris, 1837. Tom. 1, p. 294.
(2) Sur quelques points de physiologie relatifs au fœtus. Page 2.

naturelle. A l'appui de cette assertion on peut ajouter que l'on sait que les femmes qui ne sont point réglées n'ont généralement pas d'enfants : l'absence des menstrues indiquant sans doute un affaiblissement dans les forces organiques de l'appareil génital, et l'impuissance dans laquelle celui-ci se trouve, soit d'émettre, soit de nourrir ses produits ou les ovules.

Les physiologistes et tous les accoucheurs, imitant Levret (1), Delamotte (2) et Baudelocque (3), sont unanimes sur ce sujet, et professent aussi que la privation des règles est une cause presque infaillible de stérilité.

Parent-Duchatelet (4) et les statisticiens qui se sont occupés des mœurs des prostituées, ont démontré que celles-ci n'avaient point ordinairement d'enfants durant qu'elles s'adonnaient au libertinage, quoiqu'il semble au premier abord qu'il devrait en être tout autrement. Mais la stérilité des filles publiques peut s'expliquer par plusieurs causes ; elle est due soit à ce qu'elles entretiennent les organes génitaux dans un orgasme continuel qui empêche les ovules de se fixer, soit à ce que chez elles, de fort bonne heure, l'émission de ceux-ci n'a plus lieu, ce qui est annoncé par l'absence des menstrues, qui s'observe souvent chez elles. Parent-Duchatelet constate cette assertion : « Et

---

(1) L'art des accouchements démontré par des principes physiques et mécaniques. Paris, 1766, page 41.

(2) Traité complet des accouchements. Paris, 1765. Tom. 1, p. 35.

(3) L'art des accouchements. Paris, 1815. Tom. 1, p. 181.

(4) De la prostitution dans la ville de Paris, considérée sous le rapport de l'hygiène publique, de la morale et de l'administration. Paris.

ce qu'il y a de certain , dit-il , c'est que toutes celles qui , touchées de repentir , en renonçant à la prostitution , entrent dans le couvent du Bon-Pasteur, y arrivent sans être réglées ; et , ce qui est fort extraordinaire , c'est que la menstruation ne se rétablit pas pendant leur séjour dans cette maison , malgré le repos dont elles y jouissent et la bonne nourriture qu'on leur y procure. » Enfin, cette stérilité peut encore tenir , comme Morgagni (1) l'a vu , à ce que les trompes se trouvent épaissies ou oblitérées par l'excitation continue que les courtisanes entretiennent dans leurs organes génitaux.

Dans les ouvrages de Rondelet et de Joubert on cite , il est vrai, plusieurs femmes qui ont conçu sans jamais avoir été réglées ; D. Wiel (2), de la Motte (3), M. Maygrier (4) , M. Mondat (5) et M. Velpeau (6), rapportent aussi des exemples semblables. Mais , dans ces cas , si la constitution des personnes ne permettait pas à la période mensuelle de se manifester par un écoulement sanguin apparent, certainement les organes sexuels internes n'en éprouvaient pas moins périodiquement une surexcitation durant laquelle les ovaires émettaient leurs produits. Cependant tout se passait là dans l'ordre naturel , en suivant des procédés analogues à ceux que l'on observe normalement sur un grand nombre de Mammifères , dont la faculté procréatrice ne se révèle que par la turgescence des organes in-

(1) *De sedibus et causis morborum*, etc. , etc. Naples, 1762.
(2) Observ. rar. Tom. 11 , p. 323.
(3) Traité complet des accouchements , page 53.
(4) Dictionnaire des sciences médicales. Tom. xxxii, p. 377.
(5) De la stérilité, 1833 , page 144.
(6) Traité complet des accouchements. Tom. 11, p. 117.

ternes et les ardeurs qui l'accompagnent, mais ne
se décèle jamais à l'aide d'aucun indice extérieur fort
apparent, et souvent même n'est trahie que par la
simple expulsion d'une surabondance de mucus.

L'émission sanguine constitue si peu l'essence du
phénomène, que souvent, après qu'elle a cessé, on s'a-
perçoit que le travail menstruel n'en a pas moins encore lieu pendant un certain temps, mais que les modifications qu'il fait subir à l'organisation se bornent
aux appareils internes, sans se traduire au dehors par
aucune trace de sang. Cabanis (1), qui a très-bien apprécié cet état de pléthore périodique interne, dit
même qu'il l'a parfois vu se continuer plusieurs années sur certaines femmes après la cessation du flux
cataménial.

D'après ce qui s'observe dans la majorité des Mammifères, et d'après les diverses exceptions qui ont été
signalées à l'égard de l'espèce humaine, parmi laquelle
certaines nations se perpétuent, quoique les femmes
n'émettent, à l'époque de la menstruation, qu'une quantité de sang à peine appréciable ; en considérant aussi
que certaines femmes non réglées ont parfois conçu,
il devient évident que l'émission sanguine ne constitue
pas la partie essentielle du phénomène, et qu'elle n'en
est qu'un accessoire.

Cependant, si l'émission du sang n'est point un des
actes essentiels de la période menstruelle, cette émission
vient, sur les espèces qui l'éprouvent, indiquer comme
un témoin révélateur le mouvement organique qui
s'opère dans les ovaires. Mais ce fluide n'est pas un

---

(1) Rapport du physique et du moral de l'homme. Paris, 1824.
Tom. 1, p. 328.

régulateur des forces utérines ou une masse sanguine
mise en réserve pour la nutrition fœtale, car beaucoup
d'animaux qui n'éprouvent point cette évacuation périodique n'en nourrissent pas moins une nombreuse
progéniture. Ce qui donne un argument puissant en
faveur de cette opinion, c'est qu'après l'extirpation
des ovaires la menstruation cesse avec l'appétit vénérien (1).

Cependant, ainsi que nous l'avons prouvé précédemment, si le temps du rut n'est pas marqué dans la
majorité des Mammifères par une émission sanguine,
cela se présente au moins dans beaucoup d'animaux de
cette classe ; l'analogie est même partout manifeste,
car sur ceux chez lesquels il ne s'écoule point de sang
par la vulve, comme le dit Cuvier (2), le gonflement
qui s'observe sur les parties génitales y annonce manifestement la présence de ce fluide, et il vient prouver
que l'époque de la conception est en rapport avec le
rut et l'émission sanguine.

En suivant les lois de l'analogie, et sans séparer le
raisonnement de l'autorité des faits et de l'observation, si on admet, et c'est une démonstration irrécusable, que l'excitation sexuelle périodique des Mammifères et l'époque menstruelle sont identiques; comme
d'un autre côté il est bien prouvé que la période d'excitation des Mammifères est la seule époque où la conception est possible, on se trouve forcé d'en conclure
que, comme je l'ai précédemment énoncé, l'époque
menstruelle de la femme a aussi des rapports intimes,

---

(1) Burdach. Physiologie considérée comme science d'observation. Tom. 1, p. 35.
(2) Leçons d'anatomie comparée. Paris, 1805. Tom v, p. 125.

immédiats, incontestables, avec la conception ; alors il
ne reste plus qu'à les déterminer d'une manière positive,
et qu'à fixer précisément l'époque intermenstruelle durant laquelle les ovules sont émis par les ovaires, et
durant laquelle par conséquent la fécondation est possible. C'est à quoi nous sommes parvenu avec la plus
grande précision, en étudiant les phénomènes internes
et externes qui accompagnent cet acte important.

La loi que nous proclamons le premier est si positive, si évidente, que les savants de tous les siècles se
sont accordés à en reconnaître l'existence à l'égard des
animaux, et que même chez la femme, où tant de
causes d'erreurs pouvaient égarer les observateurs,
tous les physiologistes paraissent l'avoir pressentie,
depuis ceux qui dans l'antiquité ont posé les bases de
la science, jusqu'à ceux qui de notre époque l'ont fait
briller d'un si vif éclat. En effet, quand on lit les œuvres d'Aristote (1), de Richerand (2), d'Adelon (3),
de Brachet (4), de Burdach (5), de Pelletier (6), de Dugès (7), on s'aperçoit que tous sont unanimes pour considérer la conception comme s'opérant *ordinairement*
plus facilement vers l'époque qui suit la période menstruelle. Les auteurs qui ont écrit sur les accouchements professent exactement la même opinion lors-

---

(1) Histoire des animaux. Liv. viii , p. 423.
(2) Nouveaux éléments de physiologie. Paris, 1833. Tom. iii ,
p. 293.
(3) Physiologie de l'homme. Tom. iii, p. 126.
(4) Physiologie, page 350.
(5) Traité de physiologie considérée comme science d'observation.
Tom. i , p. 295; tom. ii, pag. 118.
(6) Physiologie médicale et philosophique. Tom. iv , p. 322.
(7) Physiologie comparée de l'homme et des animaux. Paris.
Tom. iii , p. 258.

qu'ils traitent de cette matière, ainsi qu'on l'observe en particulier dans les écrits de M. Maygrier (1).

Comme on le voit, les savants qui nous ont précédé ne nous ont laissé que la gloire d'avoir démontré d'une manière positive un fait qui, dans leur esprit, n'existait que comme un vague pressentiment, enfanté par l'ascendant des observations, mais énoncé sans aucune précision, et qu'ils n'avaient nullement essayé de rattacher à une loi générale et fondamentale.

Cependant, tout en avançant que les savants que nous venons de citer ont émis un fait à peu près exact, en professant que le rapprochement qui a lieu à l'issue de la période menstruelle détermine souvent la conception, il faut ajouter aussi que ce n'est cependant pas toujours immédiatement après cette époque que s'opère cet acte, et que souvent même la fécondation proprement dite, ou l'imprégnation des ovules par le fluide séminal, se produit fort longtemps à sa suite. En effet, il faut essentiellement reconnaître que l'imprégnation n'a pas toujours lieu, comme on le croit vulgairement, au moment de l'union des sexes, mais fréquemment assez longtemps après, et lorsque le produit de l'ovaire, détaché de son appareil sécréteur, vient à traverser les organes encore imbibés du fluide fécondateur. Mais quoique l'époque de la fécondation varie, on peut affirmer qu'il est des signes certains, qui indiquent évidemment et positivement les instants durant lesquels cet acte est physiquement impossible; car il est des indices précis annonçant le moment de la chute des ovules, qui s'opère plus ou moins de temps après l'époque menstruelle,

_____

(1) Dictionnaire des sciences médicales. Tom. xxxii, p. 371.

et d'autres qui attestent que l'utérus n'est même plus apte à recevoir le produit de l'ovaire , et que celui-ci y a passé sans être fécondé.

En résumant ce paragraphe, nous voyons donc que tous les auteurs (on peut le dire , car il y a peu d'exceptions) se sont accordés à consigner un fait positif en émettant que la conception s'opère particulièrement à une certaine époque , et cela par la seule autorité de l'observation ; mais ils n'ont pas précisé la chose, parce qu'étant dominés par une idée erronée, ils se trouvaient impérieusement dans l'obligation de la respecter ; c'était que la fécondation se fait à l'ovaire, et que c'est elle qui détermine la maturation des ovules et leur chute. Il fallait donc, afin de généraliser les lois fondamentales de la fonction , avoir le courage de s'élever contre les théories qui florissaient naguère dans les écoles , et dont nous sapons successivement les bases. Peut-être nos efforts paraîtront-ils prématurés ; mais bientôt la vérité se fera connaître , et notre entreprise , aujourd'hui si courageuse, si désespérée, et pour laquelle nous luttons contre l'autorité de tant de siècles , et contre la puissance de tant de savants divers, notre entreprise obtiendra justice ; puis nos travaux , d'abord censurés avec amertume, attireront l'attention, et seront consacrés comme une vérité nouvelle acquise pour la science.

Xᴱ LOI FONDAMENTALE.

Assurément il n'existe pas de grossesses ovariques proprement dites.

Comme on a cru trouver dans les grossesses appelées ovariques un argument irréfragable pour démontrer que la fécondation s'opérait normalement à l'ovaire, nous devons insister un peu sur ce sujet pour prouver qu'il n'en est pas ainsi ; tout en professant cependant que le lieu où s'opère la fécondation nous est parfaitement indifférent pour la démonstration à laquelle nous nous sommes proposé d'arriver dans cet écrit, et qui constitue toute notre théorie, savoir : c'est que l'émission des ovules se produit spontanément à des époques fixes, et que la fécondation ne s'opère que quand l'union des sexes coïncide avec cette émission. C'est là tout ce que nous voulions prouver, et pour nous tout le reste n'est qu'accessoire.

Je nie formellement l'existence des grossesses ovariques. J'admets bien qu'il soit possible qu'un œuf en sortant de sa capsule soit fécondé, dans des cas extraordinaires, par le sperme que le pavillon de la trompe verse sur lui, et qu'ensuite il se développe à la surface de l'ovaire en contractant des adhérences avec cet organe ; mais je ne conçois nullement la grossesse ovarique comme l'entendent trop légèrement les auteurs, c'est-à-dire le développement d'un ovule encore contenu dans sa vésicule de Graaf, et qui par son évolution vient engendrer un fœtus contenu *dans l'ovaire même*.

Mon œuvre est celle d'un homme laborieux qui

cherche la vérité avec ferveur, et devant lequel l'autorité
des assertions ne fait foi que quand l'observation et le
raisonnement viennent la corroborer ; ainsi , à l'égard
de la grossesse ovarique, je le dirai franchement, je
ne trouve pas qu'un seul auteur l'établisse d'une manière satisfaisante et irrécusable. On connaissait des
grossesses tubaires et abdominales : pour compléter la
classification, on a aussi admis qu'il y en avait à l'intérieur des ovaires , mais personne ne l'a démontré ;
aussi on a été forcé d'avouer que celles-ci étaient beaucoup plus rares que les autres.

Les observations publiées sur les grossesses ovariques , même par les plus célèbres accoucheurs , sont
si inexactes , si peu précises , que l'on voit leurs
contemporains se refuser d'y croire : telle fut celle
que produisit Littre , la seule qui était connue du
temps de Buffon (1) et que ce naturaliste considérait
comme fort suspecte. Nous pouvons aussi , avec les
plus judicieux anatomistes de notre époque , douter
des observations de MM. Doudement (2) , Condie (3) ,
Gaussail (4) et Bouchenel (5).

Comme l'a dit le professeur Desormeaux, dont les
travaux sont si consciencieux , « quand on examine,
par une dissection attentive, le cadavre de femmes
mortes à la suite de grossesses extra-utérines, on a
souvent bien de la peine à déterminer le siége précis
de ces grossesses. C'est au moins ce que j'ai vu, et

---

(1) Histoire naturelle générale et particulière. Paris, 1769. T. iv,
p. 531.
(2) Thèse n° 65. Paris , 1826.
(3) Revue médicale, 1830.
(4) Bulletin de la société anatomique.
(5) Journal des progrès. Tom. i.

quand je lis les observations publiées par les hommes les plus habiles, je remarque qu'ils n'ont pas été dans un moindre embarras. »

M. Velpeau, qui comme accoucheur s'est acquis non moins de célébrité, récuse aussi les prétendues observations de grossesses ovariques que certains médecins disent avoir rencontrées dans leur pratique; et il ajoute que tant que les modernes n'auront point démontré, le scalpel à la main, que l'œuf siége positivement dans l'ovaire et non à sa surface, *la raison ordonne de ne pas admettre la grossesse ovarique.*

M. Velpeau, qui est un si habile anatomiste, a même la bonne foi d'avouer que dans plusieurs circonstances semblables il s'en est laissé imposer sur ce point, et que ce ne fut qu'après des dissections attentives, exécutées devant MM. de Blainville et Serres, qu'il acquit la certitude qu'il s'était trompé. Lorsque l'on voit un zootomiste aussi distingué être d'abord induit en erreur par de fausses apparences, que doit-on conclure des observations hasardeuses d'hommes qui n'ont point un semblable savoir pour étayer leurs assertions ?

D'après de semblables opinions, émanées d'hommes aussi justement célèbres, faut-il encore admettre, sans un nouvel examen, les cas extrêmement rares de grossesses où l'on a cru reconnaître que le fœtus était dans l'intérieur de l'ovaire ? Certainement non, car ces cas n'ont nullement été examinés avec tout le soin désirable et en présence d'autorités compétentes. Et d'ailleurs, avec toute l'attention et le savoir possibles, ceux qui ont jamais porté leur scalpel sur des organes affectés d'une dégénérescence pathologique savent combien il est difficile d'en suivre la trace ; et dans une grossesse extra-utérine, parmi cette masse de tissus nouveaux ou enflammés, parmi ces membranes de récente formation qui enveloppent le nouvel être, qui oserait prétendre se guider sans erreur? Assurément que sur les fœtus, si peu nombreux, développés sur les ovaires, on aura pris le kyste pour une expansion de ces organes, car qui pourrait croire que la paroi fibreuse et séreuse d'une vésicule de Graaf pût jamais s'étendre pour former l'enveloppe d'un fœtus ?

Notre négation ne semble-t-elle pas d'ailleurs prendre une nouvelle force dans le doute qui a été émis par certains accoucheurs? et lorsque l'on voit M. Velpeau (1), lui-même, dire que les grossesses ovariques sont loin d'être démontrées, et que le fait d'un embryon, moitié dans la trompe et moitié dans l'ovaire, rapporté par Bussière (2), a besoin de nouveaux appuis, n'est-il pas permis de nier de semblables assertions (3) ?

Je soutiens que l'œuf ne peut être fécondé et se développer à l'intérieur de l'ovaire ; mais cependant je ne nie pas que parfois il puisse être avivé dans sa vésicule déchirée et s'y accroître, ou qu'enfin il peut se développer à la surface de la glande séminale ; mais jamais il

---

(1) Traité complet des accouchements. Tom. 1, p. 147.
(2) Adelon. Physiologie. Tom. iv.
(3) Pour ce dernier fait, mon intelligence se refuse à le concevoir. Si la vésicule de Graaf n'avait pas été rompue, le fœtus était dans l'ovaire, ce qui est impossible, selon moi ; si elle l'avait été, il était à sa surface et peut-être à l'entrée de la trompe, et non pas *dans* la glande séminale, ce qui peut s'observer. Mais vraiment on ne peut sérieusement vouloir qu'un fœtus soit à la fois dans l'un et l'autre de ces organes, à moins d'admettre que la trompe avait, en quelque sorte, avalé l'ovaire. Et cependant c'est sur des observations si incomplètes, si fautives, que l'on a jusqu'à ce jour basé presque toutes les théories de la génération.

ne se trouve dans son intérieur, sous la double enveloppe propre de celle-ci et du péritoine qui la re-
couvre ; c'est impossible, tout à fait impossible.

Comme le dit M. Velpeau, les grossesses attribuées
jusqu'ici à l'ovaire étaient évidemment des grossesses
abdominales.

LOIS PHYSIOLOGIQUES ACCESSOIRES.

I. La fécondation chez les Mammifères s'opère normalement dans l'utérus.

Les arguments les plus serrés de la logique et les déductions matérielles de l'expérience et de l'observation, nous portent à admettre avec les anciens, et surtout Aristote, Hippocrate et Galien, que l'utérus est le siége de la fécondation.

Cette opinion, qui était également celle de Harvey (1), de Buffon (2), et de Darwin (3), ne compte, je le sais, que fort peu de partisans parmi les modernes, parce que ceux-ci ont été entraînés par l'ascendant de quelques expériences fautives ou par le désir de faire concorder leur théorie avec diverses anomalies qui s'observent dans la génération. Nous allons voir qu'il faut revenir avec courage aux idées de nos devanciers, ainsi que l'ont fait quelques-uns de nos contemporains d'un grand mérite : rétrograder franchement dans cette circonstance, c'est réellement progresser. Cela est d'une telle évidence, que certains physiologistes qui admettent en principe que la fécondation se produit à l'ovaire, forcés irrésistiblement par le démenti des faits contradictoires, ont été obligés de convenir que cet acte s'opérait parfois aussi dans la matrice. Mais ils ne con-

---

(1) *Exercitationes de generatione animalium.* Londres, 1651.

(2) Histoire naturelle générale et particulière. Paris, 1769. Tome IV.

(3) Zoonomie. Paris. Tome II, page 250.

sidèrent ces derniers cas que comme des exceptions, tandis qu'au contraire, c'est, selon nous, l'état normal, et la fécondation ovarique constitue l'anomalie.

Je pense que chez les Mammifères le fluide séminal ne remonte pas ordinairement au delà de la cavité utérine, et que c'est dans celle-ci que se produit l'imprégnation de l'ovule. MM. Prévost et Dumas (1) ont professé une opinion à peu près semblable. Ces physiologistes, dont les expériences sont si exactes, n'ayant jamais pu trouver d'animalcules spermatiques sur les ovaires, en avaient conclu avec raison que le fluide séminal n'y parvenait pas, et que l'œuf n'était réellement fécondé que postérieurement à l'accouplement, et lorsqu'il traversait la trompe ou la matrice, lieux où il se trouve en contact avec la liqueur qui jouit de la propriété de lui imprimer la vitalité.

On peut voir que M. Coste admet lui-même que les choses se font parfois ainsi (2), car, dans un passage que nous avons cité textuellement, il dit que la fécondation peut avoir lieu chez les Mammifères, soit dans les trompes, soit dans la matrice. Mais la différence qui existe entre notre opinion et celle de cet ovologiste, c'est que nous professons que cet acte a *toujours lieu normalement dans l'utérus, et que ce n'est que dans des cas très-rares et exceptionnels que le fluide parvient à l'ovaire.*

Plusieurs raisons viennent militer en faveur de mon assertion : telles sont en particulier la structure et la physiologie des trompes de Fallope, puis l'absence du sperme sur les ovaires après l'accouplement.

---

(1) Mémoire sur la génération dans les Mammifères. Annales des sciences naturelles. Tome III, p. 134.
(2) Embryogénie comparée. Paris, 1837, page 455

Les physiologistes qui admettent que la fécondation
a lieu à l'ovaire, se fondent uniquement sur ce que
certains observateurs *prétendent* avoir découvert du
fluide séminal dans les trompes de Fallope ; puis sur
l'existence des corps jaunes ovariques, et enfin sur la
fameuse expérience de Nuck, ainsi que sur les grossesses extra-utérines. Mais leurs arguments ne sup-
portent pas une saine critique, et ils diminuent de valeur à mesure que leur examen devient plus impartial
et plus rigoureux.

Comme le dit textuellement Burdach (1), des doutes
s'élèvent contre l'hypothèse suivant laquelle le sperme
de l'homme et des animaux pénétrerait en substance
jusqu'à l'œuf à travers la matrice, l'oviducte et l'o-
vaire. Les trompes de Fallope des Mammifères, qui établissent la seule communication qui existe entre l'utérus
et les ovaires, forment des canaux souvent fort longs,
et dont la cavité n'offre qu'un diamètre excessivement
minime; il est même de ces animaux, et tel est en
particulier le cochon d'Inde, sur lesquels ces organes
sont si démesurément longs, si grêles et si contournés,
que, comme le dit Carus (2), on a de la peine à concevoir que le sperme puisse se rendre à l'ovaire.

A dire vrai, ce n'est ni la capillarité des trompes, ni
leur longueur qui m'empêcheraient d'admettre qu'elles
pussent transporter le fluide séminal jusqu'aux glandes qui engendrent les ovules. On sait que dans l'é-
conomie animale certains fluides parcourent des ca-

(1) Traité de physiologie considérée comme science d'observation.
Paris, 1837. Tome 11, p. 193.
(2) Traité élémentaire d'anatomie comparée. Paris, 1835. Tome 11,
p. 412.

naux d'une étendue tout aussi considérable et d'un diamètre infiniment moindre que celui des trompes ; cela s'observe en particulier pour les vaisseaux séminifères. En outre, il est incontestablement démontré que les conduits de Fallope portent au dehors le produit des ovaires qui est beaucoup plus compacte qu'un simple fluide, et qui consiste en ovules d'un diamètre autrement considérable que celui des molécules du sperme; mais dans ces divers cas, les fluides ou les sécrétions sont dirigés dans un sens constant et par des contractions s'opérant toujours dans la même direction, et toujours du dedans au dehors; ordinairement aussi le mouvement excentrique des fluides est favorisé par la sécrétion qui se produit et les pousse *à tergo*.

Ainsi donc, il est facile de concevoir comment les trompes, quelle que soit l'exiguïté de leur diamètre, émettent cependant les ovules à l'extérieur en se contractant du dedans au dehors; c'est un fait acquis. Mais physiologiquement je ne conçois pas un canal excréteur qui serait en même temps chargé de transporter des fluides alternativement dans un sens ou dans un autre, de sa glande sécrétoire à l'extérieur, ou du dehors vers l'organe central. Rien de semblable, à ma connaissance, n'a lieu dans l'économie animale. Voit-on jamais les conduits de Sténon porter des fluides vers les parotides? Assurément non. Eh bien! il en est de même des trompes de Fallope; incontestablement chargées de transmettre dans l'utérus le produit des ovaires, c'est là leur seule fonction ; et hors les perturbations physiologiques que ces canaux peuvent éprouver, ils ne transportent jamais le fluide séminal sur les organes sécrétoires avec lesquels ils communiquent.

Relativement aux arguments que les fauteurs de la

fécondation ovarique ont voulu tirer de la présence du
fluide séminal dans l'intérieur des trompes , on s'aperçoit, à l'aide d'un examen scrupuleux, qu'ils n'ont guère
de solidité. On ne cite que fort peu d'observateurs qui,
avec Haller, prétendent avoir découvert du sperme
dans les trompes, et cependant cela n'empêche pas que
beaucoup de physiologistes s'appuient sur leur parole
pour s'autoriser à professer que ce fluide va à l'ovaire
opérer la fécondation. Mais en vérité, les vagues assertions de ces savants sont-elles concluantes ? N'est-il
pas positif qu'ils n'ont donné sur leurs observations
aucun détail qui pût établir qu'elles étaient exactes?
Le microscope fut-il invoqué pour constater la nature
du fluide? Et quand même cet instrument eût été
consulté, le fut-il par des yeux exercés et habiles? Il
est pénible de le dire , mais il faut se méfier de ce que
découvrent une foule d'observateurs dans l'intention
de démontrer leurs théories préconçues ! N'a-t-on pas
vu Buffon , Daubenton et Needham , prétendre avoir
découvert des animalcules spermatiques sur des femelles de Mammifères ? Et cependant quel naturaliste
ne sait aujourd'hui que ce fait est de toute impossi-
bilité! Dans le cas en question, combien l'opinion de
Haller doit être de peu d'autorité! Haller qui avoue lui-
même que dans ses nombreuses expériences sur les
animaux, il n'a pu qu'une seule fois trouver du sperme
dans la matrice (1) !

Tout s'oppose en effet à ce que l'on rencontre du
fluide séminal sur l'ovaire; seulement, d'après ce que
nous dirons , l'imbibition peut , dans certains cas , en

(1) *Elementa physiologiæ.* Lausanne, 1766. Tome VIII, p. 19.

faire remonter un peu dans la partie des trompes qui est annexée à la matrice ; aussi nous ne récusons pas le témoignage d'observateurs aussi exacts que MM. Prévost et Dumas qui rapportent avoir parfois trouvé des zoospermes dans celles de quelques Mammifères.

Les savants qui professaient que le fluide séminal parvient aux ovaires, ayant été embarrassés pour lui faire parcourir un aussi long trajet, et surtout des voies aussi étroites, ont imaginé ou qu'il y avait des canaux particuliers qui le transportaient à l'ovaire, ou que la vapeur séminale, *aura seminalis*, suffisait seule pour la fécondation ; mais les anatomistes ont démontré toute la fausseté de la première supposition, et Spallanzani, puis MM. Prévost et Dumas, dans des expériences exécutées avec soin, ont établi péremptoirement que la seconde était une rêverie inadmissible.

Certainement, dans les cas normaux il ne dépasse pas la matrice, et c'est quand un œuf y tombe lors de sa présence que celui-ci est fécondé.

Les physiologistes qui ont prétendu tirer des inductions de la présence des *corps jaunes*, pour prouver que la fécondation avait lieu aux ovaires, ne se sont pas moins égarés, car ces traces palpables de l'émission des ovules, qu'on découvre plus ou moins de temps après la conception, ne *signifient absolument rien* pour démontrer cette hypothèse admise sans examen. En effet ces *corpora lutea* n'indiquent pas que la fécondation ait lieu à l'ovaire, car ce n'est point au contact du fluide séminal qu'ils doivent leur développement. Il est tout naturel de trouver ces corps puisqu'il y a eu fécondation, et que celle-ci ne peut s'opérer que sous cette condition , savoir : que l'émission des ovules coïncide avec le rapprochement des sexes. D'ailleurs comme nous avons prouvé dans les paragraphes précédents , que l'on rencontre des corps jaunes sur des animaux vierges , ils ne sont donc nullement le produit de la fécondation ; et , d'un autre côté , ils doivent forcément coïncider avec elle , puisqu'ils attestent la chute des ovules, et que ceux-ci ne sont que des embryons rudimentaires.

Les fauteurs de l'opinion que c'est à l'ovaire que s'opère la fécondation , se sont aussi principalement appuyés sur l'expérience de Nuck. On dit que ce savant , cité par Haller, ayant lié les trompes de Fallope sur un Mammifère , trois jours après l'accouplement , trouva ensuite des fœtus au-dessus de la ligature. Mais cette trop fameuse expérience, que certains érudits ont prétendu avoir été inventée à plaisir (1), et qu'on dit avoir été répétée par Haighton(2) et Cruikshank (3), fût-elle vraie , elle ne prouverait encore absolument rien contre la théorie que j'émets. Il règne même tant d'obscurité relativement à son essence , que les physiologistes ne sont pas seulement d'accord à l'égard des animaux sur lesquels elle a été faite. En effet , les uns disent que ce furent des chiennes que l'expérimentateur y employa (4) , tandis que d'autres prétendent qu'il se servit de lapines (5). D'ailleurs est-on bien cer-

_____

(1) Burdach. Traité de physiologie considérée comme science d'observation. Tome II, p. 211.

(2) Philosophical transactions. Tome LXXXVII, p. 175. Abrégé , vol. VIII.

(3) Philosophical transactions. *Id.* , p. 129.

(4) Bichat. Anatomie descriptive. Tome V, p. 337.

(5) Burdach. Physiologie considérée comme science d'observation. Paris, 1837. Tome II, p. 211.

tain que Nuck n'a pas donné le nom de trompes aux cornes de l'utérus? Alors le résultat serait tout naturel.

Je suis même persuadé qu'il a dû en être ainsi, et des accoucheurs célèbres, tels que Gardien (1), etc., qui se basent sur cette expérience pour prétendre que la fécondation a lieu à l'ovaire, disent que c'est la *corne* de l'utérus que l'expérimentateur a liée; M. Capuron (2) rapporte aussi que ce fut cet organe qui subit l'opération. Dans ce cas on conçoit que tout a suivi la marche normale, car des ovules et du fluide prolifique avaient pu se rencontrer au-dessus de la ligature, dans le lieu où s'opère naturellement la fécondation.

En effet, des fœtus auraient-ils pu se développer dans l'espace qu'occupent les trompes de Fallope de la chienne ou de la lapine? Nous ne le croyons pas.

Et c'est cependant sur une expérience si peu positive et entachée de prohibition; sur une expérience que presque personne n'a répétée depuis plus de cent ans, que certains auteurs ont basé la théorie de la génération; et cela parce que les écrivains préfèrent se copier que de se livrer à de graves méditations, ou à de laborieuses expériences; parce qu'ils préfèrent aux courageux combats que les novateurs subissent pour triompher des erreurs surannées qu'on se passe de siècle en siècle, adopter nonchalamment et sans critique les opinions inscrites dans les livres.

---

(1) Traité d'accouchements, et des maladies des femmes. Tome 1, p. 479.
(2) Cours théorique et pratique d'accouchements. Paris, 1816, page 81.

D'ailleurs la fameuse expérience de Nuck, tant et tant citée, fût-elle vraie, fût-elle exacte, ne dirait absolument rien encore contre la théorie que j'émets ; car durant l'opération de la ligature, les trompes, excitées par la douleur, auront certainement éprouvé de ces contractions anti-péristaltiques auxquelles j'attribue les grossesses extra-utérines ; et durant ces contractions quelques parcelles du fluide séminal se seront introduites dans l'oviducte, y auront rencontré des ovules en train de descendre et les auront fécondés. Ces ovules plus gros, et par conséquent moins mobiles, n'ayant point été repoussés vers l'ovaire avec autant de facilité à cause de l'étroitesse du canal.

A l'égard des preuves apportées par les grossesses extra-utérines, nous verrons plus loin que si celles-ci indiquent que la fécondation peut dans certains cas rares et anormaux se faire à la sortie de l'ovaire ou dans les trompes, elles n'infirment nullement notre théorie à laquelle on doit d'avoir révélé l'émission spontanée des ovules, et qui établit que la fécondation résulte de la simultanéité de la présence du fluide séminal et de cette émission. D'ailleurs, nous démontrerons aussi plus loin que la production des fœtus hors de la cavité utérine, n'est qu'une anomalie dont l'existence ne transgresse pas la loi générale.

Pour prouver que la fécondation a lieu à l'ovaire, quelques physiologistes ont encore invoqué ce qui se passe chez les Poules, que l'on sait produire une vingtaine d'œufs féconds après avoir été cochées une seule fois. Cela ne doit nullement sembler étonnant aux physiciens qui connaissent la divisibilité de la matière, et aux physiologistes qui ont apprécié l'infime quantité de sperme qui est nécessaire pour féconder l'ovule des animaux. En effet, si on se rappelle les expériences de Spallanzani (1), dans lesquelles on voit que pour un œuf de crapaud il ne faut que $\frac{1}{2,994,687,500}$ de grain de sperme ; et si l'on se représente combien une abeille en émet peu pour féconder 40,000 œufs, on est immédiatement persuadé qu'il suffit que les parois de l'utérus soient imprégnées de ce fluide pour que, pendant un temps fort long, le mucus qu'elles exhalent en renferme assez pour féconder les œufs qui subissent son contact. Aussi, c'est souvent assez longtemps après le rapprochement qu'une femelle de Mammifère ou que la femme se trouve fécondée.

Après avoir énuméré toutes les causes qui doivent faire rejeter l'opinion des physiologistes qui pensent que la fécondation a lieu à l'ovaire, Burdach s'exprime ainsi : « Si d'après tous ces faits nous sommes obligé de renoncer à l'hypothèse que le sperme parvient à l'ovaire, l'analogie nous autorise à considérer que dans la fécondation intérieure absolue, comme dans la fécondation extérieure, le *produit de l'ovaire va au-devant du sperme.* La question est de savoir où ces deux substances se rencontrent dans l'intérieur du corps de la femelle (2). »

L'opinion du célèbre physiologiste allemand formule exactement la mienne, seulement j'y ajouterai que le lieu de la rencontre des ovules et du fluide séminal *est évidemment et incontestablement la cavité de l'utérus*, et que, pour quelques cas anormaux, pathologiques, on ne peut réfuter cette loi générale.

---

(1) Expériences sur la génération, page 191.
(2) Traité de physiologie considérée comme science d'observation. Tome II, p. 197.

Par leurs expériences, MM. Prévost et Dumas (1) sont arrivés à peu près à la même manière de voir. Dans celles-ci, ils ont reconnu que l'œuf des Mammifères ne reçoit le contact du fluide fécondateur que dans la partie inférieure des trompes, et le plus souvent dans les cornes ou dans l'utérus lui-même. Lorsqu'on ouvre des femelles de chien ou de lapin après l'accouplement, pendant les deux premiers jours qui le suivent, on rencontre uniquement dans la matrice des animalcules qui indiquent la présence du fluide séminal, et aucune parcelle de celui-ci ne s'est encore introduite dans les trompes, et encore moins jusqu'à l'ovaire. Ce n'est qu'au bout de trois ou quatre jours que les zoospermes commencent à pénétrer dans la région inférieure des trompes, mais ils sont en bien plus grand nombre et pleins de vie dans l'utérus. On n'en voit aucun sur les ovaires.

Mais, selon moi, c'est la cavité utérine qui est le siége que la nature a essentiellement affecté à la fécondation, et celle-ci s'opère lorsqu'un ovule y passe au moment où ses parois sont imbibées par le fluide spermatique, soit qu'il s'y trouve versé à l'instant où l'œuf y arrive, soit qu'il y séjourne depuis un certain temps. Cette opinion est fondée : 1° sur ce que les trompes ne peuvent faire parvenir la liqueur séminale aux ovaires parce qu'elles se contractent normalement de dedans en dehors; 2° sur ce que dans la plupart des animaux les œufs vont au-devant du sperme ; enfin 3°, sur ce que chez les Mammifères les vésicules de l'ovaire émettent leurs ovules spontanément au moment du rut ou aux époques qui lui correspondent.

_____

(1) Annales des sciences naturelles. Tome III.

A l'appui de mon assertion on peut aussi ajouter qu'il est évident qu'après le coït on rencontre du fluide prolifique dans la cavité de l'utérus. Si Harvey (1) ne put en découvrir dans celle de la biche et de plusieurs autres animaux, cela tient à ce que, comme le dit Buffon, il ne se servit probablement pas de microscope (2). On sait que Leuwenhoeck (3), MM. Prévost et Dumas (4), et une foule d'observateurs, ont signalé la présence de ce fluide dans l'utérus peu de temps après l'accouplement ; plusieurs savants l'ont même constatée sur l'espèce humaine ; Ruysch (5) eut l'occasion d'observer les cadavres de deux femmes qui avaient été assassinées peu de temps après s'être livrées à l'acte vénérien, et de reconnaître que la cavité de leur utérus était remplie de fluide spermatique ; et Bond (6) découvrit aussi de ce fluide à l'intérieur de la matrice d'une jeune femme qui s'était empoisonnée immédiatement après avoir subi les approches d'un homme.

D'après ce que nous avons dit, ni le fluide séminal que l'on a cru observer dans les trompes, ni l'existence des corps jaunes, ni l'expérience de Nuck, ni les grossesses extra-utérines ne doivent nous faire changer d'opinion ; aussi il ne nous reste plus qu'à examiner par

---

(1) *Exercitationes de generatione animalium.* Londres, 1651.

(2) Du reste, les assertions contenues dans l'ouvrage de Harvey qui concerne la génération, sont loin d'avoir la rectitude que l'on trouve dans ses écrits sur la circulation, parce que, ce que cet homme illustre a produit sur la première de ces fonctions a été dû à sa mémoire ; ses manuscrits sur ce sujet ayant été brûlés lors du pillage de sa maison de Londres, aussi y remarque-t-on de nombreuses contradictions.

(3) *Arcana naturæ detecta.* Delft, 1695.

(4) Oper. cit.

(5) *Thesaurus anatomicus.* Amsterdam, 1715. Tome IV, sect. 21.

(6) Florieps, *Notizen* Tome XL, p. 327.

quels procédés la liqueur prolifique parvient jusqu'à
l'organe où s'opère la fécondation.

Les savants qui ont voulu expliquer l'introduction
du fluide spermatique dans l'utérus, et son transport
jusqu'à l'ovaire, ont soutenu que durant le rapprochement, les organes génitaux internes des femelles
éprouvaient un spasme convulsif qui leur faisait
opérer une espèce de succion de la liqueur fécondante ;
mais ce prétendu spasme ne peut être qu'une contraction, et tandis qu'il dure il n'est propre qu'à agir dans
un sens inverse à celui qu'on lui prête.

Les physiologistes de notre époque, en voulant tout
expliquer par la puissance vitale, ont souvent négligé
de tenir compte des actions purement physiques qui
s'opèrent dans l'organisme ; aussi nous professons, avec
M. Magendie (1), que tout n'est pas vital dans les animaux, et que dans leur économie la physique joue
souvent un rôle immense ; je pense même que celle-ci
peut expliquer avec satisfaction ce qui se passe dans
l'acte que nous étudions. Selon moi, le spasme dont il
vient d'être question, en contractant énergiquement
l'utérus pendant le rapprochement des sexes, tend à
diminuer l'étendue de la cavité de cet organe et à l'ef-
facer, de manière que le mucus qu'il contient se trouve
totalement expulsé durant son action, qui agit de même
à l'égard des trompes. Mais quand ce spasme cesse,
l'utérus, en se dilatant, redonne à sa cavité l'ampleur
accoutumée, et alors, par les simples lois de l'hydro-
dynamique, le fluide séminal versé dans le tube va-
ginal est en partie absorbé par l'utérus, et entre dans
celui-ci en plus ou moins grande abondance. C'est là

(1) Phénomènes physiques de la vie. Paris, 1839. Tomes i et ii.

un simple effet mécanique, qui peut s'étendre jusqu'à l'orifice des trompes, mais qui ne doit jamais faire monter le fluide bien avant dans celles-ci à cause de l'exigufté de leur diamètre.

D'après cela on conçoit que la fécondation sera d'autant plus assurée que la matrice offrira une plus vaste cavité et des parois plus contractiles. Les utérus à cornes des Rongeurs et des Carnassiers présentent au *summum* l'organisation la plus favorable ; leurs deux tubes, pendant les contractions convulsives de l'accouplement, diminuent considérablement de capacité, et le mucus qu'ils contiennent en est expulsé ; puis, quand le spasme s'est dissipé, l'utérus reprenant son état normal, se dilate, et le sperme qui se trouve dans la cavité vaginale est en partie absorbé : de là le résultat presque toujours efficace de l'accouplement dans cette classe d'animaux, à l'époque du rut.

II. Les grossesses abdominales ou tubaires n'indiquent point que la fécondation ait lieu normalement à l'ovaire, et que ce soit celle-ci qui détermine l'émission des ovules.

Dans certains cas, heureusement fort rares, il se développe des fœtus à la surface des ovaires ou à l'intérieur des trompes de Fallope, et l'on en a même parfois découvert dans la cavité abdominale, qui se trouvaient implantés sur le péritoine qui la tapisse. La plupart des physiologistes modernes ont inféré de là que la fécondation devait nécessairement se produire constamment dans les ovaires ; mais cette conclusion n'est pas fondée.

Les grossesses extra-utérines sont en quelque sorte inhérentes à notre espèce ; aussi doit-on les attribuer à des perturbations auxquelles la femme paraît presque seule accessible, car sur les animaux, même parmi les plus rapprochés de nous, il est infiniment rare d'en observer. Pour moi, je n'en connais que trois cas : l'un cité par Grasmeyer (1), un autre par M. J. Cloquet (2), et enfin le dernier par M. Michon (3).

Tous les auteurs, presque sans exception, en traitant des grossesses extra-utérines, ont admis que celles-ci étaient produites par quelque sensation extraordinaire, et souvent quelque frayeur, qui, en troublant les fonctions de toute l'économie animale, opérait une aberration profonde dans la physiologie du système génital et en renversait l'ordre. Brachet (4), Chaussier (5), Marc (6), Lallemand (7), professent cette opinion, et M. Velpeau (8) la croit plausible. Le fameux accoucheur Astruc a même été jusqu'à la généraliser, en prétendant que les grossesses extra-utérines sont plus communes chez les filles et chez les veuves, surtout celles qui ont la réputation d'être sages, parce que la frayeur qu'elles éprouvent lorsqu'elles sont surprises dans un embrassement illicite y a beaucoup de part. On connaît l'histoire d'une femme qui, après avoir reçu les caresses de son époux,

---

(1) *De Conceptione.*
(2) Bulletin de la faculté de médecine. Tome vii.
(3) Archives générales de médecine. Tome iii.
(4) Physiologie, p. 354.
(5) Leçons orales de physiologie.
(6) Dictionnaire des sciences médicales. Tome xix, p. 399.
(7) Observations pathologiques. Paris, 1805, p. 1.
(8) Traité complet de l'art des accouchements. Paris, 1835, T. 1, p. 224.

fut immédiatement surprise par l'arrivée d'un étranger, et éprouva une révolution subite à la suite de laquelle se produisit une grossesse extra-utérine. Une autre dame, qui, au moment où elle commettait un adultère, fut effrayée par le bruit d'une clef que quelqu'un tournait dans la serrure de la porte, éprouva le même accident que la précédente. Sur les animaux, quoique ce soit extrêmement rare, la frayeur et le trouble peuvent avoir un semblable résultat; cela paraît prouvé par un fait rapporté par Grasmeyer (1). Ce savant eut l'occasion de trouver un commencement de grossesse extra-utérine sur une Vache qui avait reçu un coup de corne dans le ventre au moment où le mâle venait de la quitter.

Assurément, il faut admettre que, conformément à l'observation, la cause efficiente des grossesses extra-utérines se trouve dans certaines impressions extérieures qui apportent une vive perturbation à la direction des mouvements vitaux du système génital : c'est évident. Mais, tout en reconnaissant cette cause, nous professons qu'elle produit d'autres effets préliminaires que ceux que lui prêtent généralement les physiologistes. Selon nous, ce n'est pas une stagnation de l'ovule dans les trompes ou sa chute dans l'abdomen qui est le résultat du trouble introduit dans l'économie; mais celui-ci a pour effet d'engendrer une perturbation dans les contractions vitales de l'appareil génital, qui imprime une direction anomale au fluide fécondant, à l'aide de laquelle celui-ci sort de sa voie naturelle et se trouve en quelque sorte égaré en s'insinuant

_____

(1) *De Conceptione.* P. 11.

à l'intérieur de canaux où il ne pénètre pas dans l'état ordinaire. Ainsi, selon moi, la frayeur a pour résultat, dans certains cas rares, de jeter une immense perturbation dans la contractilité des trompes, comme elle le fait souvent sur le tube intestinal dans de semblables circonstances, et de déterminer parmi ces organes un mouvement antipéristaltique dont les contractions s'opèrent de l'extérieur vers l'intérieur, ou de l'utérus vers les ovaires. Durant ce mouvement spasmodique, les trompes, au lieu de tendre à émettre au dehors, ou vers la cavité utérine, les sécrétions qui leur sont confiées, au contraire, tendent à les porter à l'intérieur, ou vers les ovaires. C'est durant ces contractions contre nature que les ouvertures utérines des canaux dont nous parlons peuvent pomper du fluide séminal dans l'utérus, s'il en existe, puis l'aller transmettre jusqu'aux ovaires. Si alors un ovule est mis à nu par ceux-ci et sur le point d'être saisi par le pavillon, il en résulte qu'il peut être fécondé à la surface de l'ovaire et donner lieu à une grossesse dite à tort ovarienne ; et si, au contraire, le fluide séminal rencontre un ovule dans l'intérieur d'une trompe, il peut en résulter une grossesse tubaire. Comme c'est une loi que l'ovule s'arrête où il est fécondé, le lieu de son développement est celui où il éprouve le contact du fluide séminal.

L'immortel Buffon (1), qui était doué de tant de profondeur, quoique professant aussi que la fécondation se produisait dans l'utérus, avait également admis que dans des cas excessivement rares le fluide séminal arrivait jusqu'aux ovaires.

---

(1) Histoire naturelle générale et particulière. Tome iv, p. 53.

Les savants qui prétendent que la fécondation se produit normalement à l'ovaire admettant aussi, comme incontestable, que l'ovule peut se développer en d'autres lieux que l'utérus ; si on suivait leurs théories, on devrait s'étonner de voir que les grossesses extra-utérines ne soient pas beaucoup plus fréquentes, puisque durant son trajet l'ovule porte avec lui tous les éléments de son évolution, et que la surface de l'ovaire, l'abdomen et même les trompes peuvent lui être également propices. Baudelocque (1) s'adressait en effet cette question, et prétendait qu'on devrait être surpris que tant d'œufs parvinssent à l'utérus et que la trompe, qui est si large à son orifice, en laissât tomber aussi peu dans la cavité abdominale ! Il se pourrait bien qu'il en tombât assez fréquemment, mais que ces œufs, comme je le prétends, sortant de l'ovaire sans avoir été fécondés, fussent bientôt décomposés, puis absorbés par la surface du péritoine.

Ainsi donc, les grossesses abdominales ou tubaires sont dues à ce qu'un spasme, produit par une cause étrangère à l'économie, a déterminé des contractions antipéristaltiques des trompes de Fallope, à l'aide desquelles celles-ci ont saisi fortuitement du fluide séminal dans l'utérus et l'ont transporté vers les ovaires ; et à ce que ce fluide a rencontré un ou plusieurs ovules s'acheminant vers l'extérieur, d'où est résulté la fécondation. Cela indique que l'ovule peut être fécondé à compter du moment où il s'échappe de l'ovaire jusqu'à celui où il traverse l'utérus.

Du reste, les cas de grossesse extra-utérine, comme

_____

(1) L'art des accouchements. Paris, 1815. Tom. 1, p. 195.

on doit s'y attendre, sont extrêmement rares ; Dionis (1), Levret, Baudelocque, Bertrandi, Sanctorius, Haller, Duverney, Antoine Petit, Sabatier, Portal, Le Roux, Velpeau et d'autres en ont, il est vrai, observé, mais cela n'empêche pas de pouvoir dire, avec le célèbre Marc, que la plupart des faits connus sont très-inexacts, et d'ailleurs, en somme, bien peu nombreux (2).

III. Normalement les trompes de Fallope ne se contractent que de l'intérieur vers l'extérieur, pour transporter les ovules.

En traitant du lieu où s'opère réellement la fécondation, nous avons émis un grand nombre de preuves qui tendent à faire admettre que les trompes sont uniquement chargées de transmettre les ovules au dehors ; aussi n'avons-nous que peu de choses à ajouter ici pour la démonstration du principe qui nous occupe.

Afin d'expliquer l'action de ces canaux, quelques anatomistes ont supposé qu'ils possédaient des fibres musculaires ; et l'immortel Haller, qui professait cette opinion, assurait même les avoir vus se contracter sous l'influence de certains stimulants. Meckel (3) admet sans hésitation les vues de Santorini (4) qui

(1) Traité d'accouchements. Page 91.
(2) Dictionnaire des sciences médicales, vol. XIX.
(3) Manuel d'anatomie générale, descriptive et pathologique. Tom. III, p. 601.
(4) *Obs. anat*, cap. XI. *De mulierum partibus procreationi datis*.

considère les tubes de Fallope comme formés de deux tuniques musculaires dont une offre des fibres longitudinales et l'autre des fibres circulaires. M. Velpeau (1) partage également cette opinion, qui est aussi la nôtre.

Quelques anatomistes, au contraire, ont pensé que ces canaux étaient formés d'un tissu spongieux, peut-être, comme le dit M. Roux (2), afin d'expliquer plus facilement le jeu important de ces trompes durant les premiers phénomènes de la génération.

En sacrifiant quelques animaux immédiatement après l'union sexuelle, plusieurs physiologistes ayant trouvé le pavillon de la trompe immédiatement appliqué sur l'ovaire, ils en ont conclu que les canaux de Fallope entraient en orgasme sous l'influence des étreintes voluptueuses qui accompagnent le rapprochement.

Il est positivement reconnu que le pavillon des trompes s'applique sur l'ovaire pour recevoir l'ovule qui doit tomber de celui-ci et être transporté jusque dans la cavité utérine ; mais nous ne savons pas au juste la nature du mouvement qu'il opère et si celui-ci est le résultat d'une contraction musculaire, comme le veulent quelques savants, ou s'il consiste en une turgescence érectile, comme d'autres le pensent (3) ; ce qui est certain, c'est que cette action n'est point déterminée par le spasme voluptueux.

C'est avec une inconséquence inexplicable, que

---

(1) Traité complet de l'art des accouchements. Tom. I, p. 90.
(2) Traité d'anatomie descriptive de Xavier Bichat. Tom. V, p. 294.
(3) Adelon. Physiologie de l'homme. Tom.   , p. 97.

certains physiologistes ont cependant professé cette
opinion. En effet, ne voit-on pas que si l'on invoque
la puissance de ce spasme pour porter le fluide séminal à l'ovaire et féconder l'ovule, il faut admettre que
cette impulsion, une fois répercutée sur la trompe,
prolonge son action sur cet organe un certain nombre
de jours, puisqu'il s'écoule souvent un temps considérable à la suite du rapprochement, avant que l'ovule
tombe dans l'utérus? D'ailleurs, à moins d'être doué
de cette facilité merveilleuse à l'aide de laquelle on
fait accomplir aux phénomènes organiques toutes les
conceptions de l'imagination pour soutenir une théorie favorite, on ne peut réellement concevoir que les
trompes, d'abord en érection pour transmettre dans un
sens donné le fluide vivifiant aux ovaires, après cet
acte, restent encore stimulées durant un certain nombre de jours pour agir dans un sens diamétralement
opposé et transporter alors les ovules des ovaires dans
la matrice.

Nous professons que les trompes n'étant nullement
chargées normalement de porter le fluide vivifiant aux
ovaires, le mouvement érectile qu'elles éprouvent et
qui les porte à s'appliquer sur ces organes pour en
saisir la sécrétion, n'est nullement déterminé par le
spasme voluptueux du rapprochement, mais seulement par l'excitation vitale qui se manifeste dans les
glandes ovariques au moment où elles émettent leurs
ovules, et qui, en se propageant de proche en proche,
détermine l'érection de ces trompes.

L'observation des animaux aurait dû, par la seule
puissance de l'analogie, conduire les physiologistes à
ce résultat, et l'on s'étonne que cela n'ait pas eu lieu.
En effet, dans certains vertébrés ovipares, il est dé-

montré que ce n'est nullement l'orgasme sexuel qui
porte le pavillon des trompes à embrasser les ovaires,
mais bien celui que ces organes éprouvent spontanément au moment d'émettre leurs œufs, car souvent
ceux-ci sont expulsés sans que les femelles aient aucun rapport avec les mâles. Nous ne nions cependant
pas qu'en ouvrant certains animaux immédiatement
après l'union des sexes, on ait pu trouver l'ovaire
étroitement embrassé par le pavillon des trompes ;
mais cette étreinte n'était pas déterminée par cet acte,
et on l'observait parce que celui-ci avait coïncidé, par
hasard, avec le moment où la trompe saisissait les
œufs émis spontanément par les ovaires, ce qu'elle fait
à chaque période de rut.

Les savants qui, ainsi que nous, prétendent que
la fécondation se produit dans l'utérus, ont souvent
été embarrassés pour expliquer les grossesses extra-
utérines ; plusieurs, pour y parvenir, ont professé
que l'œuf, après être descendu dans la cavité où il
reçoit naturellement l'imprégnation, remontait ensuite vers l'ovaire par le canal qu'il avait déjà parcouru,
et que c'était en s'arrêtant dans ce second mouvement
qu'il donnait lieu à une grossesse anomale. Il nous
semble que l'explication que nous en donnons, en
supposant que dans ce cas c'est le fluide spermatique
qui s'est transporté au-devant de l'œuf, rend le phénomène plus simple dans son essence et plus facile à
concevoir.

RÉSUMÉ

ET

CONCLUSION.

En posant les diverses lois fondamentales qui dominent la fécondation, nous nous sommes constamment appuyé sur la triple induction que peuvent donner l'observation, l'expérience et le raisonnement ; car lorsque, dans les discussions physiologiques, un seul de ces trois moyens a été employé, alors avec un scepticisme éhonté, souvent on a réussi à annuler sa valeur réelle. Aujourd'hui, nous nous avançons en nous servant de leur mutuel secours pour saper les préjugés scolastiques qui ont aveuglé les meilleurs esprits et entravé les investigations qui pouvaient éclairer la plus mystérieuse des fonctions de l'animalité. Il a fallu nous armer de patience et de force pour nous soustraire à l'influence de ces anciennes idées dont l'ascendant est d'autant plus considérable et plus irrésistible, qu'on les trouve partout répétées ; car l'on accepte souvent celles-ci sans songer que leur puissance réelle n'est nullement représentée par la somme des savants qui les ont adoptées sans examen, mais seulement par le petit nombre de novateurs qui les ont spontanément émises.

Aujourd'hui, l'esprit humain s'est assez fortifié par l'ascendant des sciences modernes pour se soustraire à tous les écarts qui l'ont dominé lorsqu'il se trouvait sous l'impérieuse puissance des idées mystiques ou des doctrines philosophiques. Nous sommes en ce moment dans la période de l'observation et de l'expérience, c'est-à-dire sur la voie incontestable des résultats positifs ; enrichissons nos documents de la puissance que donne la logique, et nous aurons tous les éléments du vrai.

Pour nous, c'est en nous appuyant sur les préceptes que l'on peut puiser dans cette triple direction, que nous sommes parvenu à poser les fondements de la théorie positive de la fécondation, et à démontrer les propositions qui suivent et qui, en résumé, sont les seules importantes et les seules qui ouvrent l'ère progressive dans laquelle nous sommes entré le premier.

Nous avons d'abord démontré, en exposant notre première loi, qu'il n'y a point d'exception pour l'espèce humaine, et que les phénomènes de sa génération se produisaient d'après des règles analogues à celles qui président à cette fonction chez les divers animaux ; puis que ces phénomènes étaient même parfaitement identiques avec ceux que l'on observe sur les êtres placés à la tête de la série zoologique.

Nous sommes arrivé à ce résultat en prouvant que dans tout le règne animal les actes primitifs de la fonction génitale étaient parfaitement semblables (à l'exception de quelques Zoophytes dont la reproduction est encore peu connue), et que chez tous les animaux, soit vivipares, soit ovipares, il y avait d'abord production d'œufs qui, pour donner naissance à la progéniture, devaient être fécondés par la sécrétion des organes mâles.

Enfin, nous avons aussi reconnu que les Mammifères et l'espèce humaine elle-même ne faisaient point exception à cette loi générale, et que si leurs œufs s'étaient jusqu'à ces derniers temps dérobés aux observateurs, cela était dû à leur extrême petitesse.

La seconde loi fondamentale, qui n'est qu'un développement de la première, a été consacrée à établir que chez tous les animaux la génération se produit à l'aide d'œufs, à l'exception de quelques êtres placés aux échelons inférieurs de la série zoologique.

Nous avons vu que cette vérité, entrevue par les premiers physiologistes modernes (1), a été enfin démontrée péremptoirement durant ces dernières années, et qu'elle est maintenant un fait incontestable, même pour les animaux mammifères et l'espèce humaine (2).

Dans cette loi, d'après les autorités les plus recommandables, il a aussi été établi que l'œuf offrait dans toute la série animale, depuis les espèces microscopiques (3) jusqu'aux Mammifères eux-mêmes, une organisation parfaitement identique (4).

---

(1) Harvey. *Exercitationes de generatione animalium.* Londres, 1651.

De Graaf. *De mulierum organis generationi inservientibus.* Leyde, 1672.

(2) Plagge. Journal complémentaire du Dictionnaire des sciences médicales. Tome xv.

Prévost et Dumas. Annales des sciences naturelles. Tome iii.

Baër. *De ovi mammalium et hominis genesi.* Page 12.

Coste. Recherches sur la génération des Mammifères Page 25.

(3) Ehrenberg. Animaux infusoires considérés comme des êtres organiques parfaits. Leipsick, 1838.

Dujardin. Zoophytes infusoires. Paris, 1840.

(4) Coste. Recherches sur la génération des Mammifères. Page 19.

Nous avons terminé ce paragraphe en démontrant que, d'après les travaux récents des ovologistes, la structure fondamentale de l'œuf de la femme ne diffère pas sensiblement de celle de l'œuf des Mammifères (1).

Dans la troisième loi, nous avons eu pour but de prouver que, dans toute la série animale, les ovules préexistaient à la fécondation. L'observation la plus attentive rend cette assertion incontestable, et elle révèle que, depuis les Zoophytes jusqu'à l'espèce humaine, cette loi ne souffre aucune exception ; les travaux des naturalistes l'ont démontré soit à l'égard des invertébrés, soit à l'égard des vertébrés.

Cependant, parmi ces derniers, les Mammifères, à cause de la petitesse de leurs œufs, qui avaient échappé à l'investigation des savants, passaient seuls pour former une exception au principe fondamental ; mais celle-ci n'existe pas. Aujourd'hui il est bien démontré que ces animaux doivent rentrer dans la loi générale, et que chez eux aussi les ovules sont formés avant la fécondation, puisque l'on en rencontre sur eux, et que l'on trouve des traces de leur passage, sans que celle-ci ait été opérée (2).

Carus. Traité élémentaire d'anatomie comparée. Paris, 1835. Tome II.

Valentin et Bernhardt. *Symbolæ ad ovi mammalium historiam ante imprægnationem.* Page 21.

(1) Coste. Embryogénie comparée. Paris, 1837. Tome I, pages 200 et 363.

(2) Vallisneri. *Istoria della generazione dell' uomo e degli animali.* Venise, 1721.

Malpighi. *Opera omnia.* Londres, 1686.

Baër. *De ovi mammalium et hominis genesi.*

Plagge. Journal complémentaire du Dictionnaire des sciences médicales. Tome XV.

Les travaux des hommes les plus éminents ont également mis cela hors de doute relativement à l'espèce humaine (1).

Nous avons même prouvé que la fécondation a si peu d'influence sur la formation primitive des ovules, que sur beaucoup d'animaux, avant qu'elle ait eu lieu, l'œuf présente déjà des rudiments d'embryon (2).

D'après cela, il est bien évident que ce n'est pas l'action de la fécondation qui détermine la production des ovules, et que ceux-ci préexistent à cet acte.

La quatrième loi a été consacrée à établir que des obstacles physiques s'opposent à ce que chez les Mammifères le fluide séminal puisse être mis en contact avec les ovules encore contenus dans les vésicules de Graaf.

Cette proposition est évidente, et quel que soit le lieu où la fécondation s'opère, il faut absolument que

---

(1) Vallisneri. *Istoria della generazione dell' uomo e degli animali.* Venise, 1721.

Bertrandi. *De glandulæ ovarii corporibus luteis.* Dans Misc. Taur.

Brugnone. *De ovariis eorumque corporibus luteis.* Mém. de Turin, 1790.

Santorini. *Observationes anatomicæ.* Venise, 1724.

Home. *On corpora lutea.* Philosophical transactions, 1819.

Blundell. *Researches physiological and pathological.*

Buffon. Histoire générale et particulière. Paris, 1769. Tome III, p. 197.

Brachet. Physiologie.

Velpeau. Traité complet de l'art des accouchements. Tome I, p. 148.

(2) Malpighi. *De formatione pulli in ovo dissertatio epistolica.* Londres, 1673.

Haller. *De formatione pulli in ovo.* 1758.

Spallanzani. *Dissertazioni di fisica animale e vegetabile.* Modène, 1780.

Pouchet. Zoologie classique ou histoire naturelle du règne animal. Paris, 1841. Tome II, page 344.

le produit des deux sexes soit mis immédiatement en
contact; pour que cet acte physiologique ait lieu, il
est nécessaire que l'ovule soit débarrassé de ses enveloppes et que la capsule de l'ovaire soit déchirée (1).

L'expérience a parfaitement prouvé que ce n'est
point l'*aura seminalis* qui féconde les ovules, mais
bien la partie la plus épaisse du fluide (2).

Or, des considérations déduites de la structure anatomique et de la physiologie de l'appareil génital démontrent que sur beaucoup d'animaux de toutes les
classes, le fluide fécondant ne peut parvenir jusqu'aux
ovaires (3) ; mais quand même il arriverait, en effet,
jusqu'à ces organes, assurément, chez les Mammifères,
ce fluide ne pourrait traverser les tuniques épaisses
qui protégent les ovules et parvenir à ces derniers.
Enfin, en poussant l'argumentation jusqu'au dernier
terme, nous avons reconnu que si cela pouvait avoir
lieu, il n'en résulterait nulle fécondation, parce que
les ovules contenus dans les ovaires n'y possèdent
point encore la modalité qui leur est indispensable
pour qu'ils puissent commencer leur évolution. Les
physiologistes ont toujours échoué en essayant de vi-

(1) Velpeau. Traité complet de l'art des accouchements. Tom. 1,
p. 213.

(2) Spallanzani. *Dissertazioni di fisica animale e vegetabile.* Mo-
dène, 1780. T. II.
Prévost et Dumas. Annales des sciences naturelles. Tome III.
Dictionnaire classique d'histoire naturelle. Paris, 1825. Tom. VII.

(3) Lacordaire. Introduction à l'entomologie. Paris, 1838.
Tom. II, p. 380.
Dugès. Physiologie comparée de l'homme et des animaux. Paris,
1838. Tom. III, p. 293.
Audouin. Annales des sciences naturelles. Tom. II.

vifier des ovules extraits des ovaires (1), et en répétant leurs expériences nous n'avons jamais été plus heureux (2).

Or, comme il est bien démontré que, chez les animaux de toutes les classes, les œufs s'engendrent dans les ovaires par la seule force plastique de ces organes (3), il n'est pas rationnel d'admettre que chez les Mammifères il doit en être autrement, et que c'est la fécondation qui, sur ceux-ci seulement, produit le développement des ovules, et par suite leur chute dans les trompes.

---

(1) Spallanzani. *Dissertazioni di fisica animale e vegetabile.* Modène, 1780. Tome II.

Prévost et Dumas. Annales des sciences naturelles. Tome III. Dictionnaire classique d'histoire naturelle. Paris, 1825. Tome VII.

(2) En répétant les expériences de Spallanzani et de MM. Prévost et Dumas, nous n'avons jamais pu réussir à féconder des œufs de Grenouilles, que nous enlevions des ovaires. Les auteurs qui ont prétendu que ce résultat tenait à ce qu'en saisissant ces œufs on les dilacérait, n'avaient probablement pas observé les conditions dans lesquelles ils se trouvent. Au contraire, en prenant des œufs dans la dilatation de l'oviducte appelée *matrice*, nous les fécondions facilement en broyant des testicules dans l'eau qui les contenait.

(3) Rœsel. Amusements sur les Insectes (ouvrage allemand). Nuremberg, 1761.

Bernouilli. Mémoires de l'académie de Berlin. 1772.

Tréviranus. Vermische Schriften. Tom. IV.

Buffon. Discours sur la nature des Oiseaux. Aux Deux-Ponts, 1785. P. 34.

Blumenbach. Manuel d'histoire naturelle. Metz, 1803. P. 181.

Duméril. Traité élémentaire d'histoire naturelle. Paris, 1807. Tom. II, p. 215.

Cuvier. Leçons d'anatomie comparée. Paris, 1805. Tom. V, p. 7.

Geoffroy Saint-Hilaire. Philosophie anatomique. Paris, 1822. P. 360.

Burdach. Traité de physiologie considérée comme science d'observation. Paris, 1838. Tom. II, pag. 234.

Dugès. Physiologie comparée de l'homme et des animaux. Paris, Tom. III, p. 261.

Dans la cinquième loi, nous nous sommes appliqué
à démontrer incontestablement que dans toute la série
animale, l'ovaire émet ses ovules indépendamment de
la fécondation. C'était là le point capital de ce travail.

Pour y parvenir méthodiquement, il n'y avait que
deux choses à prouver, savoir : que dans tous les animaux les œufs s'engendrent dans les ovaires sans l'influence du mâle, et qu'ils sont expulsés spontanément
par ces organes.

La première proposition avait été démontrée dans
les paragraphes précédents; aussi, dans celui-ci, nous
n'avons eu qu'à nous occuper de donner à la seconde
toute l'évidence possible. Nous y sommes arrivé en
établissant que dans beaucoup d'animaux, même
parmi les vertébrés, tels que les Poissons et les Amphibiens, les œufs n'étaient fécondés par les mâles
qu'après avoir été expulsés du corps des femelles.
Aucun naturaliste ne pourrait méconnaître ce fait
qui est mentionné dans tous les écrits (1). Nous avons
ensuite complété la démonstration en prouvant, d'a-
près les plus judicieux observateurs, que même chez
les animaux qui ne produisent leurs œufs qu'après la

(1) Bloch. Ichthyologie ou histoire générale et particulière des
Poissons. Berlin, 1796.
Bonnaterre. Encyclopédie méthodique. Ichthyologie
Lacépède. Histoire naturelle des Poissons. Paris, 1830, tome 1,
p. 88, et Histoire naturelle des Quadrupèdes ovipares. Paris, 1832,
t. 11, p. 77.
Cuvier. Le règne animal distribué d'après son organisation.
Paris, 1839. Tome 11, p. 102.
Cuvier et Valencienne. Histoire naturelle des Poissons. Paris,
1828. Tome 1, p. 539.

fécondation, si celle-ci était empêchée, leur émission n'en avait pas moins lieu (1).

Ainsi se trouva incontestablement démontré que chez les Insectes, les Mollusques, les Poissons, les Amphibiens, les Reptiles et les Oiseaux, les œufs apparaissent avant la fécondation dans l'organe qui les sécrète, et qu'ils n'ont nullement besoin de celle-ci pour être expulsés hors de l'animal qui les produit.

Après cela, il ne restait plus qu'à prouver qu'il en était de même à l'égard de l'œuf des Mammifères et de l'espèce humaine; nous y sommes parvenu en reconnaissant que sur eux, en l'absence de toute fécondation, on trouvait cependant des indices qui ne permettaient pas de douter que la fonction ne fût soumise aux mêmes lois.

---

(1) Burdach. Traité de physiologie considérée comme science d'observation. Paris, 1838. Tom. 1, p. 76.

Rœsel. Amusements sur les sciences. Nuremberg, 1761.

Bernouilli. Mémoires de l'Académie de Berlin. Année 1772.

Tréviranus. Vermische Schriften. Tome IV.

Lacordaire. Introduction à l'entomologie. Paris, 1838. Tome II.

Buffon. Histoire naturelle, tome IV, p. 57, et Discours sur la nature des oiseaux, p. 34.

Blumenbach. Manuel d'histoire naturelle. Metz. Tome 1, p. 181.

Duméril. Traité élémentaire d'histoire naturelle. Paris, 1807. Tome II, p. 215.

Parmentier. Bulletin de la Société philomathique. 88e cahier, p. 213.

E. Home. Lectures on comparative anatomy. Londres. Tome III, p. 308.

Geoffroy Saint-Hilaire. Philosophie anatomique. Paris, 1822, p. 360.

Dugès. Physiologie comparée de l'homme et des animaux. Paris, 1838. Tome III, p 261.

Burdach. Traité de physiologie considérée comme science d'observation. Paris, 1838. Tome II, p. 234.

En effet, les naturalistes et les physiologistes ont démontré incontestablement qu'il existe des ovules dans les ovaires des Mammifères, ainsi qu'à l'intérieur de ceux de l'espèce humaine, sans qu'il y ait eu aucun rapport sexuel.

Les naturalistes et les physiologistes savent aussi, et c'est un point qu'il n'est plus permis de contester, que les corps jaunes que l'on trouve à la surface des ovaires sont des traces irrévocables de la chute des œufs qui ont été produits par ces organes. Or, comme il a fréquemment été reconnu par les plus judicieux observateurs, et même par les hommes les plus célèbres, qu'il existe des corps jaunes sur l'ovaire des Mammifères ainsi que sur celui des filles vierges (1) ; il en résulte conséquemment que, chez eux, il se produit spontanément des œufs et que ceux-ci sont expulsés sans le concours de la fécondation. Il serait impossible de combattre logiquement cette assertion.

---

(1) Vallisnéri. *Istoria della generazione dell' uomo e degli animali.* Venise, 1721.

Malpighi. *Opera omnia.* Londres, 1686

Bertrandi. *De glandulæ ovarii corporibus luteis.* Dans Misc.

Brugnone. *De ovariis eorumque corporibus luteis.* Mém. de Turin. 1790.

Santorini *Observationes anatomicæ.* Venise, 1724.

Home. *On corpora lutea.* Philosophical transactions. 1819.

Blundell. *Researches physiological and pathological.*

Buffon. Histoire naturelle générale et particulière. Paris, 1769. Tome III, p. 197.

Baër. *De ovi mammalium et hominis genesi.*

Plagge. Journal complémentaire et Dictionnaire des sciences médicales. Tome xv.

Brachet. Physiologie.

Velpeau. Traité complet de l'art des accouchements. Tome I, p. 148.

La sixième loi consacre, comme principe, que, dans tous les animaux, les ovules sont émis à des époques déterminées, en rapport avec la surexcitation périodique des organes génitaux.

L'observation démontre que, durant certaines périodes fixes, il se manifeste dans les organes génitaux une surexcitation vitale (1), durant laquelle on voit se développer un certain nombre d'ovules, qui tombent successivement après leur apparition. Les naturalistes sont unanimes à cet égard.

Ce phénomène ne souffre aucune exception dans toute la série zoologique. On observe, il est vrai, que certains Oiseaux et plusieurs Mammifères domestiques (2) paraissent en quelque sorte pouvoir se reproduire en tout temps, mais ce n'est qu'une fausse apparence, qui tient à ce que, chez eux, l'influence des soins réagit sur la vitalité des ovaires et multiplie leurs produits, car ces organes n'en éprouvent pas moins des intermittences dans leur sécrétion. Une observation attentive démontre même que chez eux il y a également des phases d'excitation, et que c'est évidemment pendant celles-ci que les ovules sont émis et que la fécondation s'opère.

L'espèce humaine rentre tout à fait dans cette dernière catégorie, et quoiqu'elle paraisse pouvoir se reproduire en tout temps, il n'en est pas moins positif que les phénomènes de sa génération sont soumis à

---

(1) Geoffroy Saint-Hilaire. Anatomie philosophique. Paris, 1822. P. 39.

(2) Buffon. Histoire naturelle générale et particulière. Tome VII, p. 123.

des périodes intermittentes qui, quoique très-rap-
prochées, peuvent être fixées avec précision, comme
il est possible de le faire à l'égard de tous les autres
êtres de la série zoologique.

Dans la septième loi, nous avons établi qu'à l'égard
des Mammifères, la fécondation n'a jamais lieu que
lorsque l'émission des ovules coïncide avec la présence du fluide séminal.

Cette loi n'est évidemment qu'une conséquence logique de toutes celles qui précèdent et qui établissent
que les œufs préexistent à la fécondation, puisqu'ils
sont émis, indépendamment de cette opération, à des
époques déterminées, et enfin que le fluide séminal
ne peut arriver jusqu'aux ovules contenus dans les
ovaires.

La dialectique fournit les plus puissants arguments
en faveur de cette loi, et celle-ci est mise hors de doute
par l'observation des faits et les résultats des expériences. En effet, les œufs d'un grand nombre d'animaux, même parmi les vertébrés, ne se trouvent fécondés qu'après avoir été expulsés des ovaires; et
l'imprégnation ne pouvant jamais avoir lieu dans ces
organes (1), il est évident qu'il ne peut et ne doit en
être autrement sur les Mammifères.

Or, comme il n'est plus possible de professer que
c'est l'influence du fluide séminal qui suscite la production des ovules et leur chute, il faut bien conséquemment que la fécondation ne soit pas le résultat
de l'action de ce fluide sur les ovaires, mais bien l'ef-

---

(1) Prévost et Dumas. Mémoires publiés dans les Annales des
sciences naturelles. Tom. 1, 11 et 111.

fet de son contact sur les ovules libres qu'il rencontre dans les voies génitales, lorsque leur émission coïncide avec sa présence dans ces organes.

Les expériences des savants, qui semblent en apparence être contradictoires au principe posé dans cette loi (1), lorsqu'elles sont examinées avec soin, contribuent, au contraire, à le rendre évident et à en prouver la stabilité.

Plusieurs faits relatifs à des animaux inférieurs et qui ont été dévoilés par quelques observateurs (2), ne peuvent infirmer cette opinion. En effet, ils sont peut-être inexacts, et d'ailleurs on peut, jusqu'à un certain point, les expliquer par l'examen de l'organisme (3).

La huitième loi a été consacrée à prouver que l'émission du flux cataménial de la femme correspond aux phénomènes d'excitation qui se manifestent à l'époque des amours, chez les divers êtres de la série zoologique, et spécialement sur les femelles des Mammifères.

Beaucoup de savants ont entrevu ces rapports re-

(1) Telles sont les expériences de Haller et du médecin de Graaf.
(2) Bonnet. Traité d'insectologie, 1ʳᵉ partie.
De Géer. Mémoires, etc. Tome III, p. 36-77.
Duvau. Mémoires du Muséum d'histoire naturelle. Tome XIII, p. 126.
Germar. *Germar's Magazin der entomologie.* Tome I, p. 2.
Lacordaire. Introduction à l'entomologie. Paris, 1838. Tome II, p. 281.
(3) Dumas. Traité de physiologie comparée de l'homme et des animaux. Paris 1839. Tome III, p. 291.
Geoffroy Saint-Hilaire. Traité de Tératologie. Paris, 1832-1836.

marquables (1) , et l'absence d'un écoulement sanguin
ne peut être invoquée comme établissant une différence physiologique fondamentale entre notre espèce
et les divers animaux. En effet, celui-ci, par l'influence du climat et des mœurs , s'amoindrit considérablement chez les femmes de certains peuples
qui habitent les zones équatoriales ou boréales (2).
Puis , d'un autre côté , les assertions des naturalistes et des physiologistes rendent incontestable qu'il
existe un écoulement sanguin chez beaucoup de Mammifères (3).

Il a aussi été prouvé que la fréquence du retour périodique des phénomènes menstruels n'est pas même

(1) Robet Emett. Essais de médecine sur le flux menstruel.
Mauriceau. Traité des maladies des femmes grosses et de celles
qui sont accouchées. Paris , 1668.
Desormeaux. Dictionnaire de médecine. Paris, 1826 Tome xiv,
p. 186.
Dugès. Traité de physiologie comparée de l'homme et des animaux. Paris, 1838. Tome iii , p. 358.
Burdach. Traité de physiologie considérée comme science d'observation. Tome ii , p. 20.
(2) Maygrier. Dictionnaire des sciences médicales. Tome xxxii,
p. 386.
Buffon. Histoire naturelle générale et particulière. Tome iv,
p. 268.
(3) Buffon. Histoire naturelle générale et particulière. Paris, 1770.
Tome xii , p. 44.
F. Cuvier. Histoire naturelle des Mammifères , publiée de concert avec Geoffroy Saint-Hilaire. Paris , 1825.
Burdach. Traité de physiologie, considérée comme science d'ob-
servation. Paris, 1831. Tome ii , p. 20.
Geoffroy Saint-Hilaire. Cours sur l'histoire naturelle des Mammifères. Paris, 1829.
I. Geoffroy Saint-Hilaire. Dictionnaire classique d'histoire naturelle. Paris, 1830. Tome x, p. 117.

un fait particulier à la femme (1), et que sur beaucoup d'animaux l'excitation des organes génitaux, à laquelle ils correspondent, se reproduit parfois aussi à de courts intervalles (2).

L'autorité des hommes les plus éminents dans la science, venant à l'appui des assertions précédentes, nous permet de les considérer comme autant de démonstrations. Il est facile de voir que c'est en méconnaissant la valeur physiologique du phénomène de la menstruation que certains auteurs (3) en ont nié l'existence chez les Mammifères.

L'identité de la menstruation et des phénomènes qui accompagnent l'époque des amours des Mammifères étant admise, il en résulte que, comme c'est évidemment à cette époque qu'on peut seulement opérer la fécondation de ces derniers, la menstruation doit avoir également des rapports avec cette fonction : c'est incontestable.

La fréquente répétition du phénomène ne pourrait pas même lui donner une autre valeur physiologique, puisque, comme nous l'avons dit, sur certaines femmes

(1) Flourens. Cours sur la génération, l'ovologie et l'embryologie, fait au Muséum d'histoire naturelle de Paris. Recueilli par M. Deschamps. Paris, 1836. P. 44.
Burdach. Traité de physiologie considérée comme science d'observation. Paris, 1837. Tome II. p. 36.
(2) Aristote. *Historia animalium*. Lib. VI, cap. IV
Buffon. Histoire naturelle des oiseaux. Tome II, p 501, in-4°.
Blumenbach. Manuel d'histoire naturelle. Tome I, p. 243.
Kuhlemann. *Observationes quædam circa negotium generationis.* P. 13.
Burdach. *Oper. cit.* Tome II, p. 38 et 39.
(3) Desormeaux. Dictionnaire de médecine. Paris, 1825. Tom. XIV, p. 176.

il ne se produit point plus souvent que chez quelques espèces de Mammifères (1).

Dans la neuvième loi nous démontrons que la fécondation offre un rapport constant avec l'émission des menstrues. Aussi, sur l'espèce humaine, est-il facile de préciser rigoureusement l'époque intermenstruelle où la conception est physiquement impossible et celle où elle peut offrir quelque probabilité.

Les savants les plus recommandables (2) ont reconnu qu'il y avait une identité évidente entre la période menstruelle de la femme et les phénomènes qui se manifestent à l'époque des amours des Mammifères. Or, comme il est incontestable que, chez ces derniers, ces phénomènes ont des rapports intimes avec la puissance génératrice, il faut bien qu'il en soit de même sur notre espèce. C'est une conséquence logique, et cette vérité a été entrevue par tous les physiologistes et tous les accoucheurs (3).

---

(1) Velpeau. Traité complet de l'art des accouchements. Tome I, p. 116.

Gardien. Traité d'accouchements et des maladies des femmes. Tome I, p. 233.

(2) Buffon, F. Cuvier, Geoffroy Saint-Hilaire, Garnot, Lesson, etc.

(3) Magendie. Précis élémentaire de physiologie. Paris, 1817. Tome II, p. 416.

Burdach. Traité de physiologie considérée comme science d'observation. Paris, 1837. Tome I, p. 294.

Schweighæuser. Sur quelques points de physiologie relatifs au fœtus. P. 2.

Levret. L'art des accouchements démontré par des principes physiques et mécaniques. Paris, 1766, p. 41.

Delamotte. Traité complet des accouchements. Paris, 1765. Tome I, p. 35.

Baudelocque. L'art des accouchements. Paris 1815. Tome I, p. 181.

Parent-Duchâtelet. De la prostitution dans la ville de Paris,

En effet, tous professent que la privation des menstrues est une cause presque infaillible de stérilité. Les cas exceptionnels, cités par quelques auteurs (1), s'expliquent même avec la plus grande facilité.

L'émission sanguine ne constitue pas la partie essentielle du phénomène; aussi, sans qu'elle ait lieu, ou après qu'elle a cessé, celle-ci ne s'en manifeste pas moins dans certaines circonstances (2).

Les rapports intimes que la fécondation offre avec la menstruation sont si évidents, si irrécusables que, par le seul ascendant de l'observation, ils se sont aussi révélés aux physiologistes et aux accoucheurs de toutes les époques, et qu'on les trouve mentionnés dans leurs ouvrages (3).

---

considérée sous le rapport de l'hygiène publique, de la morale et de l'administration. Paris.

(1) Wiel. Observ. rar. Tome II, p. 323.

Delamotte. Traité complet des accouchements. Page 53.

Maygrier. Dictionnaire des sciences médicales. Tome XXXII, p. 377.

Mondat. De la stérilité. 1833, p. 144.

Velpeau. Traité complet des accouchements. Tome II, p. 117.

(2) Cabanis. Rapport du physique et du moral de l'homme. Paris, 1824. Tome I, p. 328.

Cuvier. Leçons d'anatomie comparée. Paris, 1805. Tome V, p. 125.

(3) Aristote. Histoire des animaux. Liv VIII, p. 423.

Richerand. Nouveaux éléments de physiologie. Paris, 1833. Tome III, p. 293.

Adelon. Physiologie de l'homme. Tome III, p. 126.

Brachet. Physiologie. P. 350.

Burdach. Traité de physiologie considérée comme science d'observation. Tome I, p. 295; tome II, p. 118.

Pelletier. Physiologie médicale et philosophique. Tome IV, p. 322.

Dugès. Physiologie comparée de l'homme et des animaux. Paris. Tome III, p. 258.

Maygrier. Dictionnaire des sciences médicales. Tome XXXII, p. 371.

Mais, si ces rapports avaient été entrevus précédemment par les savants, ils ne se trouvaient indiqués par eux que vaguement ; aussi il nous appartenait de les préciser et de tracer leurs lois.

Nous l'avons fait en prouvant qu'il existe une coïncidence intime entre les phénomènes menstruels et l'émission des ovules, et que, par conséquent, on peut affirmer qu'il est des signes certains qui décèlent à l'extérieur les possibilités génératrices.

La dixième loi fondamentale établit qu'il n'existe pas de grossesses ovariques proprement dites.

Nous pensons que des ovules peuvent opérer leur évolution à la surface de l'ovaire ; mais nous croyons qu'il n'est pas rationnel de professer que ceux-ci peuvent se développer à l'intérieur même de cet organe. Plusieurs savants, des plus célèbres, ont aussi refusé d'y croire (1).

Quelques personnes ont, il est vrai, publié des observations de grossesses ovariques (2) ; mais il n'en est pas moins permis de contester l'existence de ces dernières, car on voit les anatomistes et les accoucheurs les plus exercés en douter encore. Quelques-uns de ceux-ci ne craignent même pas d'avouer qu'ils se sont mépris sur divers cas de cette nature, et que, trompés par les apparences, ils avaient pris des grossesses abdominales pour des fœtus développés dans les ovaires.

---

(1) Buffon. Histoire naturelle générale et particulière. Paris, 1769. Tome iv, p. 531.
(2) Doudement. Thèse n° 65. Paris, 1826.
Condie. Revue médicale, 1830.
Gaussail. Bulletin de la société anatomique.
Bouchenel. Journal des Progrès. Tome i.

Aussi, comme le dit un des plus judicieux accoucheurs de notre époque, la raison ordonne de ne pas admettre la grossesse ovarique (1). En effet, rationnellement il est impossible de la concevoir.

Après avoir posé et discuté les lois fondamentales de la fécondation, nous avons tracé quelques lois physiologiques, que nous considérons comme tout aussi positives ; mais, comme il n'était point nécessaire de les admettre pour parvenir à la démonstration que nous nous proposions de rendre évidente, nous nous sommes contenté de les produire sous le nom de lois accessoires.

La première de celles-ci tend à prouver que la fécondation, chez les Mammifères, s'opère normalement dans l'utérus.

Cette opinion a été professée par des savants du plus haut mérite (2), et leurs antagonistes, dominés par l'ascendant des faits, admettent même que, dans certaines circonstances, cela peut avoir lieu (3).

Des doutes s'élèvent contre l'hypothèse dans laquelle on prétend que le fluide séminal pénètre jusqu'aux ovules en traversant l'utérus et en parcourant

---

(1) Velpeau. Traité complet des accouchements. Tome 1, p. 147.

(2) Aristote, Hippocrate, Galien.
Harvey. *Exercitationes de generatione animalium.* Londres, 1651,
Buffon. Histoire naturelle générale et particulière. Paris, 1769.
Tome IV.
Prévost et Dumas. Mémoire sur la génération dans les Mammifères. Annales des sciences naturelles. Tome III, p. 134.

(3) Coste. Embryogénie comparée. Paris, 1837. P. 455.

les trompes de Fallope (1) ; et l'on ne cite que peu
d'observateurs qui prétendent en avoir découvert dans
l'intérieur de ces dernières (2).

Mais l'assertion de ceux-ci n'est nullement exacte ;
et en commentant rigoureusement les expériences sur
lesquelles on s'est basé pour professer que la fécondation s'opérait à l'ovaire, nous avons reconnu que
l'obscurité et les indécisions qui régnaient à leur égard
les dénuaient de toute autorité (3).

Les observations de grossesses extra-utérines n'infirment point notre manière de voir, car celles-ci ne
sont que le résultat d'une anomalie physiologique ; et
la présence des corps jaunes sur l'ovaire, n'indique
nullement que la fécondation s'opère naturellement
dans cet organe.

La minime quantité de fluide séminal qui est nécessaire pour opérer la fécondation (4) explique comment celle-ci a souvent lieu chez les Mammifères fort
longtemps après l'accouplement.

---

(1) Burdach. Traité de physiologie considérée comme science
d'observation. Paris, 1837. Tome II, p. 193.
Carus. Traité élémentaire d'anatomie comparée. Paris, 1835.
Tome II, p. 412.
(2) Haller. Éléments de physiologie. Tome VIII, p. 19.
(3) Burdach. Traité de physiologie considérée comme science
d'observation. Tome II, p. 211.
Haighton. Philosophical transactions. Tome LXXXVII, p. 175.
Abrégé vol. VIII.
Cruikshank. Philosophical transactions. Id., p. 129.
Bichat. Anatomie descriptive. Tome V, p. 337.
Gardien. Traité d'accouchements et des maladies des femmes.
Tome I, p. 479.
Capuron. Cours théorique et pratique d'accouchements Paris,
1816. P. 81.
(4) Spallanzani. Expériences sur la génération. P. 191.

Comme l'ont annoncé avec raison certains physiologistes (1) le produit de l'ovaire va au-devant du
fluide séminal, et c'est dans l'utérus qu'ils se rencontrent et qu'a lieu la fécondation (2).

Si un seul observateur, par inattention, n'a pas
pu découvrir ce fluide dans cet organe (3), on en cite
un grand nombre qui en ont constaté la présence,
soit sur des Mammifères, soit sur l'espèce humaine
elle-même (4).

L'opinion que c'est la cavité utérine qui est le siége
de la fécondation repose : 1° sur ce que les trompes ne
peuvent faire parvenir normalement le fluide séminal
jusqu'aux ovaires ; 2° sur ce que dans la plupart des
êtres de la série zoologique les œufs vont au-devant de
celui-ci ; enfin 3° sur ce que chez les Mammifères, les
ovules sont émis spontanément.

Dans la seconde loi accessoire, pour compléter nos
arguments, nous avons démontré que les grossesses
abdominales et tubaires n'indiquaient point que la
fécondation eût lieu normalement à l'ovaire, et que ce
fût celle-ci qui déterminât l'émission des ovules.

Ces grossesses sont presque inhérentes à notre es-

---

(1) Burdach. Traité de physiologie considérée comme science
d'observation. Tome ii, p. 197.

(2) Prévost et Dumas. Annales des sciences naturelles. Tome iii.

(3) Harvey. *Exercitationes de generatione animalium*. Londres,
1651.

(4) Leauwenhoeck. *Arcana naturæ detecta*. Delft, 1695.
Prévost et Dumas. *Oper. cit.*
Ruysch. *Thesaurus anatomicus*. Amsterdam, 1715. Tome iv,
sect. 21.
Bond. Florieps, *Notizen.* Tome xl, p. 327.

pèce, et je ne connais que peu d'auteurs qui en aient fait mention chez les animaux (1).

Elles sont généralement la suite d'un trouble profond suscité dans l'économie. Cela est tellement positif que presque tous les savants ont admis qu'elles avaient pour cause efficiente quelque sensation de frayeur qui apportait une fâcheuse perturbation dans l'exercice physiologique de l'appareil génital (2).

Durant celle-ci, les trompes éprouvent un mouvement antipéristaltique sous l'influence duquel leurs contractions s'opèrent de l'utérus vers les ovaires, et apportent le fluide fécondant sur ces derniers organes. Là son contact avec les ovules produit leur fécondation dans un lieu inaccoutumé, et par suite l'œuf s'y développe.

Les auteurs qui supposent que c'est l'utérus qui est le siége de la fécondation ont professé que, par ce mécanisme, le fluide séminal pouvait parvenir aux ovaires (3).

Du reste, les grossesses extra-utérines sont rares, et l'on peut dire, avec un médecin légiste célèbre (4), que la plupart des faits connus sont très-inexacts.

---

(1) Grasmeyer. *De conceptione.*
J. Cloquet. Bulletin de la faculté de médecine. Tome vii.
Michon. Archives générales de médecine. Tome iii.
(2) Brachet. Physiologie. P. 324.
Chaussier. Leçons orales de physiologie.
Marc. Dictionnaire des sciences médicales. Tome xix, p. 399.
Lallemand. Observations pathologiques. Paris, 1835. P. 1.
Velpeau. Traité complet de l'art des accouchements. Paris, 1835.
Tome i, p. 224.
Grasmeyer, *De conceptione*, P. 11.
(3) Buffon. Histoire naturelle générale et particulière. Tome iv, p. 53.
(4) Marc. Dictionnaire des sciences médicales. Vol. xix.

La dernière loi accessoire a été consacrée à établir que normalement les trompes de Fallope ne se contractent que de l'intérieur vers l'extérieur, pour transporter les ovules.

Ces canaux, que certains anatomistes regardent comme musculaires (1), et que d'autres croient formés d'un tissu spongieux (2), appliquent leur extrémité sur l'ovaire, pour recevoir les ovules qui en tombent.

On ne sait pas positivement la nature du mouvement qu'ils opèrent, et s'il est le résultat d'une contraction musculaire ou d'une turgescence érectile (3) ; mais il est positif qu'il ne peut dépendre du spasme voluptueux.

Ce mouvement est engendré par l'excitation vitale qui règne dans les glandes ovariques, et qui se transmet sympathiquement aux trompes.

Depuis longtemps l'observation des phénomènes qui se produisent dans toute la série zoologique aurait dû conduire les physiologistes à ce résultat. En effet, dans beaucoup d'animaux, les œufs étant expulsés sans que les femelles aient aucun rapport avec les mâles, il est rationnel d'admettre que ceux-ci n'ont aucune influence sur la fonction.

D'un autre côté, comme on ne peut prêter aux

---

(1) Meckel. Manuel d'anatomie générale, descriptive et pathologique. Tome III, p. 601.

Santorini. *Obs. anat. cap.* XI. *De mulierum partibus procreationi datis.*

Velpeau. Traité complet de l'art des accouchements. Tome I, p. 90.

(2) Roux. Traité d'anatomie descriptive de Xavier Bichat. Tome III, p. 294.

(3) Adelon. Physiologie de l'homme. Tome III, p. 97.

trompes deux actions directement opposées, et qu'il est certain qu'elles transportent les ovules au dehors, c'est donc de l'intérieur vers l'extérieur que s'opère leurs mouvements péristaltiques normaux.

Telles sont, en résumé, les lois positives qui régissent la fécondation dans toute la série zoologique, et tels sont les phénomènes constants à l'aide desquels cette fonction s'opère.

En analysant cet écrit on voit que les propositions que nous avons eu l'intention de démontrer évidemment peuvent se réduire aux trois suivantes, qui forment la base de toute notre théorie.

1° Les ovules s'engendrent et sont expulsés indépendamment de la fécondation.

2° Les ovules sont émis à des époques déterminées, et facilement appréciables.

3° Chez les Mammifères, la fécondation n'a lieu que lorsque le passage des ovules dans le canal utérin coïncide avec la présence du fluide qui doit les aviver.

Il est vrai que pour arriver à la démonstration de ces trois lois fondamentales nous avons été obligé d'entrer dans d'assez longs développements ; mais nous y étions contraint par la marche méthodique que nous avions adoptée, voulant impérieusement procéder à l'examen de ce sujet à l'aide d'une suite de déductions logiques ou expérimentales, qui s'enchaînaient réciproquement. De cette manière, nous avons plus sûrement atteint le but que nous nous proposions, et il nous a été permis de donner plus d'évidence à cette harmonie sublime qui existe dans tout le règne animal, relativement aux phénomènes qui président à la plus importante fonction des êtres créés.

Telles sont les lois que l'on peut tracer avec assurance et sans redouter d'être un jour démenti par les physiologistes studieux et graves. Nous ne recherche-rons point l'approbation de ceux qui, dominés par leurs anciennes études, préfèrent nier l'évidence plutôt que de s'adonner à de nouveaux travaux ; mais nous ob-tiendrons celle des savants consciencieux qui exami-nent les choses avec une scrupuleuse attention, et suivent la marche progressive des idées. Là se bornera notre récompense.

FIN.

TABLE DES MATIÈRES.

FIN DE LA TABLE.

PARIS. — IMPRIMERIE DE FAIN ET THUNOT,
IMPRIMEURS DE L'UNIVERSITÉ ROYALE DE FRANCE,
rue Racine, n° 28 , près de l'Odéon.